U0099922

國民性 十論

〔日〕**芳賀矢一**

⋯⋯⋯⋯ 著

譯註 ⋯⋯⋯⋯

⋯⋯李冬木 房雪霏

敬獻此書於先考之靈前

最憶庭訓兮曩昔久遠

手捧梓卷兮思緒萬千

先嚴在天兮守望佑我

邇來歲月兮未嘗蹉跎

責任編輯	楊　昇　陳多寶	
封扉設計	陳德峰	

書　　名　　國民性十論

著　　者　　〔日〕芳賀矢一

譯　　註　　李冬木　房雪霏

出　　版　　三聯書店（香港）有限公司

香港北角英皇道 499 號北角工業大廈 20 樓

Joint Publishing (H.K.) Co., Ltd.

20/F., North Point Industrial Building,

499 King's Road, North Point, Hong Kong

香港發行　　香港聯合書刊物流有限公司

香港新界大埔汀麗路 36 號 3 字樓

印　　刷　　美雅印刷製本有限公司

香港九龍觀塘榮業街 6 號 4 樓 A 室

版　　次　　2018 年 4 月香港第一版第一次印刷

規　　格　　大 32 開（140 × 210 mm）312 面

國際書號　　ISBN 978-962-04-4305-3

© 2018 Joint Publishing (H.K.) Co., Ltd.

Published & Printed in Hong Kong

本書根據日本富山房 1911 年版譯出。

目錄

芳賀矢一《國民性十論》中文譯註版的意義

芳賀矢一在日本明治四十年（1907）出版了《國民性十論》。

當時正在日本留學的周氏兄弟很快就注意到了該書，從中受到了種種啟發，並且在各自的工作中留下了痕跡。

此後經過一百多年，在 2018 年，這本書經過中國學者李冬木、房雪霏夫婦的嚴謹校訂和翻譯，在中國出版了譯註本。

那麼，這些事情具有怎樣的意義呢？

首先，是芳賀矢一的《國民性十論》具有怎樣的歷史意義？眾所周知，日本在那個時期正處在所謂「近代化」的途中。所謂「近代化」，就是歐化。為此需要做什麼呢？最需要做的就是用作為自己範本的歐洲的「眼睛」來重新審視自己。在《國民性十論》出版前後，很多歐洲文獻被翻譯出版，就是由於這個緣故。在這當中，《國民性十論》之所以引人注目，就在於它超越了對歐洲文獻的簡單的翻譯和「山寨」處理的水平，提出了「國民性」這一獨特的文明批評視角。

現在應該關注的，不是芳賀的論點哪個正確哪個不正確這種水準的問題，而是「國民性」這種批評視角。周氏兄弟以他們的「拿來主義」把國民性視角作為自己的武器之一來把握，也正是由於他們看重這一視角。其中，周樹人將那把「火」毫不留情地燒

到了中國人的國民性上，不久便嚴峻地凝視「吃人」的現實，寫出了《狂人日記》，成為「魯迅」。對此的詳細分析，本書所附李冬木教授的解說和論文都寫得很清楚。

從那以後，一百多年過去了，但日本和中國現今仍還都處在「近代化」的途中。

日本自那以後，就像人們所知道的那樣，突進到了不可理喻的對外擴張主義的「近代化」當中，不僅傷害了近鄰各國，也傷害到自己，一度喪失了一切。其「國民性」還處於未完成的途中。

周氏兄弟的中國，也經歷了各種各樣的歷程，現在也還處在「近代化」的途中。

不只是這樣，曾經一度作為亞洲範本的歐洲本身，也面臨着包括難民問題在內的各種各樣的難題，正迎來不得不重新考慮自己去向的挑戰。

「國民性」作為文明批評的視角，不僅在亞洲，即使以世界規模來考量也仍然沒有喪失意義。我們現在不正處在超越對芳賀矢一論點的一一評價，而從各自的國民出發來重新思考「國民性」是什麼的時期嗎？

吉田富夫

日本佛教大學名譽教授

李冬木 譯

導讀

芳賀矢一的《國民性十論》與周氏兄弟

一、原書的話語背景及其作者

本書日文原版書名的寫法與中文漢字相同：《國民性十論》。日本明治四十年（1907）十二月，東京富山房出版發行。作者芳賀矢一（Haga Yaichi，1867–1927）。

原書出版機構「富山房」，由實業家阪本嘉治馬（Sakamoto Kajima，1866–1938）於明治十九年（1886）在東京神田神保町創立，是日本近代，即從「明治」（1868–1912）到「大正」（1912–1926）時代具有代表性的出版社之一，主要以出版國民教育方面的書籍著稱。「（自創立起，）爾來五十餘年，專心斯業之發展，竭誠盡力刊行於教學有益書籍，出版《大日本地名辭書》《大言海》《漢文大系》《大日本國語辭典》《日本家庭大百科事彙》《佛教大辭彙》《國民百科大辭典》《富山房大英和辭典》等辭典以及普通圖書、教科書合計三千餘種，舉劃時代之事功而廣為國民所知者。」[1] —— 現今子公司「株式會社富山房國際」引先人之言，雖未免自誇，卻也大抵符合實際。日本國會圖書館現存富山房出版物約九百五十種，僅明治時代出版的就佔了六百三十餘種，除單行本外，還有各種文庫，如「名著文庫」「袖珍名著文庫」「新

---

1 株式会社冨山房インターナショナル会社概要。參見該公司網站：http://www.fuzambo-intl.com/?main_page=companyinfo。

型袖珍名著文庫」「世界哲學文庫」「女子自修文庫」等，各種「全書」，如「普通學全書」「普通學問答全書」「言文一致普通學全書」等；而進入「昭和」（1926–1989）以來最著名的是「富山房百科文庫」，從戰前一直出到戰後，共出了一百種。就「明治時代」而言，富山房雖不及另一出版巨擘博文館 —— 大橋佐平（Ohashi Sahei，1836–1901）於明治二十年（1887）創立於東京本鄉區弓町，僅明治時代就出版圖書三千九百七十種[2] —— 卻也完全稱得上出版同業當中的重鎮了。富山房明治出版物中，同期就有不少中譯本，值得關心近代出版的朋友注意。

顧名思義，這是一本討論「國民性」問題的專著。如果說世界上「再沒有哪國國民像日本這樣喜歡討論自己的國民性」，而且討論國民性問題的文章和著作汗牛充棟、不勝枚舉的話，[3] 那麼《國民性十論》則是在日本近代以來漫長豐富的「國民性」討論史中佔有重要地位的一本，歷來得到很高的評價，至今仍有深遠的影響。[4] 近年來的暢銷書、藤原正彥（Fujiwara Masahiko，1943–）的《國家品格》[5] 在內容上也顯然留有前者的痕跡。

「國民性」問題在日本一直是一個與近代民族國家相生相伴的

2 參見李冬木：《澀江保譯〈支那人氣質〉與魯迅（上）—— 魯迅與日本書之一》，『関西外国語大学研究論集』第六十七號，1998 年，271 頁。

3 南博：『日本人論 —— 明治から今日まで』まえがき（前言），岩波書店，1994 年。

4 參見生松敬三：『「日本人論」解題』，富山房（冨山房）百科文庫，1977 年。

5 藤原正彥（藤原正彦）：『国家の品格』，新潮社「新潮新書 141」，2005 年。

問題。作為一個概念，Nationality 從明治時代一開始就被接受，只不過不同時期有不同的叫法。例如在《明六雜誌》就被叫作「人民之性質」[6] 和「國民風氣」[7]，在「國粹保存主義」的明治二十年代被叫作「國粹」[8]，明治三十年代又是「日本主義」[9] 的代名詞，「國民性」一詞是在從甲午戰爭到日俄戰爭的十年當中開始被使用並且「定型」的。日本兩戰兩勝，成為帝國主義時代「國際競爭場中的一員」，在引起西方「黃禍論」[10] 恐慌的同時，也帶來民族主義（nationalism）的空前高漲，在這一背景下，「國民性」一詞應運而生。最早以該詞作為文章題目的是文藝評論家綱島梁川

6　參見《明六雜誌》第三十號所載中村正直《改造人民之性質說》（「人民ノ性質ヲ改造スル說」）。明治十二年（1879）出版的《英華和譯詞典》（『英華和訳辞典』，口プシャイト原作，敬宇中村正直校正，津田仙、柳澤信大、大井鎌吉著）即以「人民之性質」（「ジンミンノセイシツ，jin-min no seishitsu」即「人民ノ性質」）來註釋英文 Nationality（國民性）了。

7　參見《明六雜誌》第三十二號所載西周《國民風氣論》（「国民気風論」）。其原標題「国民気風」旁邊標註日語片假名「ナシオナルケレクトル」，即英文 National Character（國民氣質、國民性）之音讀。

8　參見志賀重昂：《告白〈日本人〉所懷抱之旨義》（「『日本人』が懷抱する処の旨義を告白す」），『日本人』第二號，明治二十一年（1888）四月十八日。

9　參見高山樗牛：《贊日本主義》（「日本主義を賛す」），『太陽』三卷十三號，明治三十七年（1897）六月二十日。

10　黃禍論（德文：Gelbe Gefahr；英文：Yellow Peril），又叫作「黃人禍說」，係指 19 世紀後半葉到 20 世紀上半葉出現在歐洲、北美、澳大利亞等白人國家的黃種人威脅論。是一種人種歧視的理論，其針對的主要對象是中國人和日本人。黃色人種威脅白種人的論調，突出地呈現於甲午戰爭，經義和團事件，再到日俄戰爭的十年間，此後又延續到第一次世界大戰，其主要言論人物是德國皇帝威廉二世。

（Tsunashima Ryosen, 1873–1907）的《國民性與文學》**11**，發表在《早稻田文學》明治三十一年（1898）五月號上，該文使用「國民性」一詞達四十八次，一舉將這一詞彙「定型」。而最早將「國民性」一詞用於書名中的則正是約十年後出版的這本《國民性十論》。此後，自魯迅留學日本的時代起，「國民性」作為一個詞彙開始進入漢語語境，從而也令這一思想觀念在留日學生當中傳播開來。順附一句，作為一個外來詞，「國民性」一詞幾乎不見於迄今為止中國大陸出版的基本辭書（七十四卷本《中國大百科全書》和十二卷本《漢語大詞典》這類巨型工具書除外），卻又在研究論文、各類媒體乃至日常生活中普遍使用，其在當今話語中的主要「載體」是「魯迅」。—— 以上與「國民性思想史」相關的各個要點之詳細情形，請參閱筆者的相關研究。**12**

芳賀矢一出生於日本福井縣福井市一個神官家庭，其父任多家神社的「宮司」（神社之最高神官）。在福井、東京讀小學，在宮城讀中學後，他於十八歲入「東京大學預備門」（相當於高中），二十三歲考入東京帝國大學（現東京大學）國文科，四年後畢業。歷任中學、師範學校和高中教員後，於明治三十二（1899）三十三歲時被任命為東京帝國大學文科大學助教授（副

11「国民性と文学」，本文參閱底本為『明治文學全集46‧新島襄‧植村正久‧清沢満之‧綱島梁川集』，武田清子、吉田久一編，筑摩書房，1977 年 10 月。

12 李冬木：《「國民性」一詞在中國》，佛教大學（佛教大学）『文学部論集』第九十一號，2007 年；《「國民性」一詞在日本》，佛教大學『文学部論集』第九十二號，2008年。二文在國內同時轉載於《山東師範大學學報》，2013 四期。

教授）兼高等師範學校教授。翌年奉命赴德國留學，主攻「文學史研究」，同船者有後來成為日本近代文豪的夏目漱石（Natsume Soseki, 1867–1916）。一年半後的 1902 年 —— 也就是魯迅留學日本的那一年 —— 芳賀矢一學成回國，不久就任東京帝國大學文科大學教授，履職到大正十一年（1922）退休。[13]

芳賀矢一是近代日本「國文學」研究的重要開拓者。如果說按現在的理解，近代國民國家離不開作為其「想象的共同體」[14] 之基礎的「國語的文學，文學的國語」[15] 的話，那麼芳賀矢一對日本語言和文學所作的整理和研究，其「近代意義」也就顯而易見。他是公認的首次將德國「文獻學」（Philologie）導入到日本「國文學」研究領域的學者，以「日本文獻學」規定「國學」，並通過確立這一新的方法論，將傳統「國學」轉換成為一門近代學問。他於明治三十七年（1904）一月發表在《國學院雜誌》上的《何謂國學？》一文，集中體現了這一開創性思路，不僅為他留學之前的工作找到了一個「激活」點，亦為此後的工作確立了嶄新的學理起點，呈現廣博而深入之大觀。「據《國語與國文學》（十四卷四號〔1937 年 4 月 —— 引者註〕）特輯《芳賀博士與明治大正之國文學》所載講義題目，關於日本文學史的題目有《日本文學

13　參見久松潛一編：「芳賀矢一年譜」，收入『明治文學全集』四十四卷，筑摩書房，昭和四十三年（1978）。

14　本尼迪克特・安德森（Benedict Anderson）語，參見吳叡人譯：《想象的共同體 —— 民族主義的起源與散佈》，上海世紀出版集團，2005 年。

15　胡適語，參見《建設的文學革命論》，《新青年》四卷四號，1918 年 4 月。

史》《國文學史（奈良朝平安朝）》《國文學史（室町時代）》《國文學思想史》《以解題為主的國文學史》《和歌史》《日本漢文學史》《鎌倉室町時代小說史》《國民傳說史》《明治文學史》等；作品研究有《源氏物語之研究》《戰記物語之研究》《古事記之研究》《謠曲之研究》《歷史物語之研究》；文學概論有《文學概論》《日本詩歌學》《日本文獻學》《國學史》《國學入門》《國學初步》等；在國語學方面有《國文法概說》《國語助動詞之研究》《文法論》《國語與國民性》等。在『演習』課上，還講過《古今集》《大鏡》《源氏物語》《古事記》《風土記》《神月催馬樂》及其他多種作品，大正六年（1917 年 —— 引者註）還講過《歐美的日本文研究》。」**16**由此可知芳賀矢一對包括「國語」和「文學」在內的日本近代「國學」推進面之廣。就內容的關聯性而言，《國民性十論》一書不僅集中了上述大跨度研究和教學的問題指向 —— 日本的國民性，也出色地體現出以上述實踐為依託的「順手拈來」的文筆功力。芳賀矢一死後，由其子芳賀檀和弟子們所編輯整理的《芳賀矢一遺著》，展示了其在研究方面留下的業績：《日本文獻學》《文法論》《歷史物語》《國語與國民性》《日本漢文學史》。**17** 而日本國學院大學 1982 至 1992 年出版的《芳賀矢一選集》七卷，應該是包

---

16 久松潛一：『解題　芳賀矢一』，『明治文學全集』四十四卷，筑摩書房，昭和四十三年（1978），428 頁。

17 『芳賀矢一遺著』二卷，富山房，1928 年。

括編輯和校勘在內的現今所存最新的收集和整理。[18]

二、《國民性十論》的寫作特點和內容

《國民性十論》是芳賀矢一的代表作之一，也是他社會影響最大的一本書。雖然關於日本的國民性，他後來又相繼寫了《日本人》（1912）、《戰爭與國民性》（1916）和《日本精神》（1917），但不論取得的成就還是對後世的影響，都遠不及《國民性十論》。書中的部分內容雖來自他應邀在東京高等師範學校所做的連續講演，卻完整保留了其著稱於當時的、富於「雄辯」的、以書面語講演[19]的文體特點。除此之外，與同時期同類著作相比，該書的寫作和內容特點仍十分明顯。前面提到，在日本近代思想史當中，從「日清戰爭」（即甲午戰爭，1894–1895）到「日俄戰爭」（1904–1905），恰好是日本「民族主義」空前高漲的時期，而這同時也可以看作是「明治日本」的「國民性論」正式確立的時期。日本有學者將這一時期出現的志賀重昂（Shiga Shigetaka，1863–1927）的《日本風景論》（1894），內村鑑三（Uchimura Kanzo，1861–1930）的《代表的日本人》（1894、1908），新渡戶

---

18 芳賀矢一選集編集委員會編：『芳賀矢一選集』，國學院大學（国学院大学），東京，1982 年至 1992 年。第一卷『国学編』、第二卷『国文学史編』、第三卷『国文学篇』、第四卷『国語・国文典編』、第五卷『日本漢文学史編』、第六卷『国民性・国民文化編』、第七卷『雑編・資料編』。

19 小野田翠雨：《現代名士演說風範 —— 速記者所見》（『現代名士の演說振り —— 速記者の見たる』），『明治文學全集』九十六卷，筑摩書房，昭和四十二年（1967），366–367 頁。

稲造（Nitobe Inazo，1862–1933）的《武士道》（1899）和岡倉天心（Okakura Tenshin，1863–1913）的《茶之書》（1906）作為「富國強兵——『日清』『日俄』高揚期」的「日本人論」代表作來加以探討。[20] 就拿這四本書來說，或地理，或代表人物，或武士道，或茶，都是分別從不同側面來描述和肯定日本的價值即「國民性」的嘗試，雖然各有成就，卻還不是關於日本國民性的綜合而系統的描述和闡釋。而尤其值得注意的，是這四本書的讀者設定。除了志賀重昂用「漢文調」的日語寫作外，其餘三本當初都是以英文寫作並出版的。[21] 也就是說，從寫作動機來看，這些書主要不是寫給普通日本人看的，除第一本面向本國知識分子、訴諸「地理優越」外，後面的三本都是寫給外國人看的，目的是尋求與世界的對話，向西方介紹開始走向世界舞台的「日本人」。

芳賀矢一的《國民性十論》與上述著作的最大的不同，不僅在於它是從「國民教育」的立場出發，面向普通日本人來講述本國「國民性」之「來龍去脈」的一個文本，更在於它還是不見比

---

20 船曳建夫：『「日本人論」再考』，講談社，2010 年。具體請參照該書第二章，50–80 頁。但作者完全「屏蔽」了同一時期更具代表性的《國民性十論》，在書中乾脆提都沒提。

21 《代表的日本人》原書名為 Japan and The Japanese，明治二十七年（1894）由日本民友社出版，明治四十一年（1908）再從前書選出部分章節，改為 Representative Men of Japan，由日本覺醒社書店出版，而鈴木俊郎的日譯本很久以後的昭和二十三年（1948）才由岩波書店出版；《武士道》（Bushido: The Soul of Japan）1900 年在美國費城出版（許多研究者將出版年寫做「1899 年」，不確），明治四十一年（1908）才有丁未出版社出版的櫻井鷗村的日譯本；《茶之書》（The Book of Tea）1906 年在美國紐約出版，昭和四年（1929）才有岩波書店出版的岡村博的日譯本。

於同類的、從文化史的觀點出發、以豐富的文獻為根據而展開的綜合國民性論著。作為經歷「日清」「日俄」兩戰兩勝之後，日本人開始重新「自我認知」和「自我教育」的一本「國民教材」，該書的寫作方法和目的，正如作者自己所說，就是在新的歷史條件下，「通過比較的方法和歷史的方法，或宗教，或語言，或美術，或文藝來論述民族的異同，致力於發揮民族特性」，[22] 建立「自知之明」。[23]

全書分十章討論日本國民性：（一）忠君愛國；（二）崇祖先，尊家名；（三）講現實，重實際；（四）愛草木，喜自然；（五）樂天灑脫；（六）淡泊瀟灑；（七）纖麗纖巧；（八）清淨潔白；（九）禮節禮法；（十）溫和寬恕。其雖然並不迴避國民「美德」中「隱藏的缺點」，但主要是討論優點，具有明顯的從積極肯定的方面對日本國民性加以「塑造性」敍述的傾向。第一、二章可視為全書之「綱」，核心觀點是日本自古「萬世一系」，天皇、皇室與國民之關係無類見於屢屢發生「革命」、改朝換代的東西各國，因此「忠君愛國」便是「早在有史以前就已成為浸透我民族腦髓之箴言」，是基於血緣關係的自然情感；「西洋的社會單位是個人，個人相聚而組織為國家」，而在日本「國家是家的集合」，這種集合的最高體現是皇室，「我皇室乃國家之中心」。其餘八章，可看作此「綱」所舉之「目」，分別從不同側面來對「日本人」

---

22 參見本書序言。

23 參見本書結語。

的性格進行描述和闡釋，就內容涉及面之廣和文獻引用數量之多而言，堪稱前所未有的「國民性論」和一次關於「日本人」自我塑造的成功嘗試。而這正是其至今仍具有影響力的重要原因之一。

在中國已出版的日本人「自己寫自己」的書中，除新渡戶稻造的《武士道》之外，其他有影響的並不多見。而關於日本及日本人的論述，從通常引用的情況看，最常見的恐怕是本尼迪克特的《菊與刀》；求其次者，或許賴肖爾的《日本人》也可算上一本。這兩本書都出自美國人之手，其所呈現的當然是「美國濾鏡」下的「日本」。芳賀矢一的這一本雖然很「古老」，卻或許有助於讀者去豐富自己思考「日本」的材料。

三、關於本書中的「支那」

同日本明治時代的其他出版物一樣，「中國」在書中被稱作「支那」。關於這個問題，中譯本特加「譯註」（本書第 33 頁譯註3）如下：

「支那」作為中國的別稱最早見於佛教經典，據說用來表示「秦」字的發音，日本明治維新以後到二戰結束以前普遍以「支那」稱呼中國，因這一稱呼在甲午戰爭後逐漸帶有貶義，招致中國人的強烈反感和批評，日本在二戰結束後已經終止使用，在中國的出版物中也多將舊文獻中的「支那」改為「中國」。本譯本不改「支那」這一稱呼，以保留其作為一份歷史文獻的原貌 —— 而道理也再簡單不過，不會因為現在改成「中國」二字而使「支那」

這一稱呼在歷史中消失。事實上,「支那」(不是「中國」)在本書中是作者使用的一個很重要的參照系,由此可感知,在一個特定的歷史階段,日本知識界對所謂「支那」懷有怎樣的心象。

在此,還想再補充幾句。在日本明治話語,尤其是涉及「國民性」的話語中,「支那」是一個很複雜的問題,並不是從一開始就像在後來侵華戰爭全面爆發後所看到的那樣,僅僅是一個貶斥和「懲膺」的對象。事實上,在相當長的時間內,「支那」一直是日本「審時度勢」的重要參照。例如在《明六雜誌》中,「支那」一詞作為「國名和地名」,使用的頻度,比其他任何國名和地名都要高,即使是當時作為主要學習對象國的「英國」和作為本國的「日本」都無法與之相比。[24] 這是因為「支那」作為「他者」,還並不完全獨立於「日本」之外,而往往包含在「日本」之內,因此拿西洋各國來比照「支那」也往往意味着比照自身,對「支那」的反省和批判也正意味着在很大程度上是對自身的反省和批判。這一點可以從西周(Nishi Amane,1829–1897)的《百一新論》對儒教思想的批判中看到,也可以在中村正直(Nakamura Masanao,1832–1891)為「支那」辯護的《支那不可辱論》(1875)[25] 中看到,更可以在福澤諭吉(Fukuzawa Yukichi,1835–1901)《勸

---

24 參見『明六雜誌語彙總索引』,高野繁男、日向敏彥(日向敏彦)監修、編集,大空社,1998 年。

25 「支那不可辱論」,『明六雜誌』第三十五號,明治八年(1875)四月。

學篇》（1872）和《文明論之概略》（1877）中看到，甚至可以在專門主張日本的「國粹」「以圖民性之發揚」[26] 的三宅雪嶺（Miyake Setsurei，1860–1945）的《真善美日本人》（1891）中看到──書中以日本人了解「支那文化」遠遠勝過「好學之歐人」為榮，並以「向全世界傳播」「支那文明」為「日本人的任務」。[27] 從某種意義上來說，後來的所謂「脫亞」[28] 也正是一種要將「支那」作為「他者」從自身當中剔除的文化上的結論。在芳賀矢一的《國民性十論》當中，「支那」所扮演的也正是這樣一個無法從自身完全剔除的「他者」的角色，除第十章以「吃人」作比較的材料所顯現的「貶損」傾向外，「支那」在全書中大抵處在與「印度」和「西洋」相同的參照位置上，總體還是在闡述從前日本引進「支那」和「印度」文化後，如何使這兩種文化適合自己的需要。

四、周作人與《國民性十論》

翻譯此書的直接動機，源於在檢證魯迅思考「國民性」問題時所閱文獻過程中的一個偶然發現：芳賀矢一著《國民性十論》不僅是魯迅（周樹人，1881–1936）的目睹書，更是周作人（1885–

---

26 三宅雪嶺：『真善美日本人』，載生松敬三編：『日本人論』，富山房，昭和五十二年（1977），17頁。該書初版為明治二十四年（1891）政教社版。

27 同上。富山房版，34頁。「日本人的任務」為第二章標題。

28 語見明治十八年（1885）三月十六日『時事新報』「脱亜論」，一般認為該社論出自福澤諭吉之手。事實上，在此之前「脫亞」作為一種思想福澤諭吉早就表述過，在《勸學篇》和《文明論概略》中都可清楚看到，主要是指擺脫儒教思想的束縛。

1967）的目睹書，於是，「《國民性十論》與周氏兄弟」便作為一個問題浮現。對其檢證的結論之一，便是作為一個譯本，該書至少有助於解讀與周氏兄弟相關，卻因年代久遠和異域（中國和日本）相隔而至今懸而未決的若干問題。這是我們想為三聯書店（香港）有限公司提供這一中譯本的緣由所在。

到目前為止，在最具代表性的《魯迅年譜》[29] 和《周作人年譜》[30] 中，還查不到《國民性十論》這本書，更不要說對周氏兄弟與該書的關係展開研究。就筆者閱讀所限，最早在關於周作人的論文中談到「芳賀矢一」的中國學者，或許是中國社會科學院文學研究所趙京華研究員。他於 1997 年向日本一橋大學提交的博士論文 [31] 中便有提及，只可惜尚未見正式出版。茲將在翻譯過程中的查閱所及，略作展開。

芳賀矢一在當時是知名學者，《朝日新聞》自 1892 年 7 月 12 日至 1941 年 1 月 10 日的相關報道、介紹和廣告等有三百三十七條；《讀賣新聞》自 1898 年 12 月 3 日至 1937 年 4 月 22 日相關數量亦達一百八十六條。「文學博士芳賀矢一新著《國民性十論》」，作為「青年必讀之書、國民必讀之書」[32] 也是當年名副其

---

29 魯迅博物館、魯迅研究室編：《魯迅年譜》四卷本，北京：人民文學出版社，1981 年。

30 張菊香、張鐵榮編著：《周作人年譜（1885–1967）》，天津人民出版社，2000 年。

31 趙京華：「周作人と日本文化」，一橋大學大學院社會學（一橋大学大学院社会学）研究科博士論文，論文審查委員：木山英雄、落合一泰、菊田正信、田崎宣義，1997年。筆者所見該論文得自趙京華先生本人。

32 《國民性十論》廣告詞，『東京朝日新聞』日刊，明治四十年（1907）十二月二十二日。

實的暢銷書，自 1907 年年底初版截止到 1911 年，在短短四年間就再版過八次。**33** 報紙上的廣告更是頻繁出現，而且一直延續到很久以後。**34** 甚至還有與該書出版相關的「趣聞軼事」，比如《讀賣新聞》就報道說，由於不修邊幅的芳賀矢一先生做新西服「差錢」，西服店老闆就讓他用《國民性十論》的稿費來抵償。**35**

在這樣的情形之下，《國民性十論》引起周氏兄弟的注意便是很正常的事。那麼兄弟倆是誰先知道並且注意到芳賀矢一的呢？答案應該是乃兄周樹人即魯迅。其根據就是《國民性十論》出版引起社會反響並給芳賀矢一帶來巨大聲望時，魯迅已經是在日本有逾五年半留學經歷的「老留學生」了，他對於與自己所關心的「國民性」相關的社會動態當然不會視之等閒，此其一；其二，通過北岡正子教授的研究可知，魯迅離開仙台回到東京後不久就進了「獨逸語專修學校」，從 1906 年 3 月初到 1909 年 8 月回國，魯迅一直留在這所學校，度過了自己的後一半留學生活，一邊學德語，一邊從事他的「文藝運動」，而在此期間於該校擔任「國

---

33 本稿所依據底本為明治四十四年（1911）九月十五日發行第八版。

34 《朝日新聞》延續到昭和十年（1935）一月三日；《讀賣新聞》延續到同年一月一日。

35 《芳賀矢一博士的西服治裝費從〈國民性十論〉的稿費裏扣除 —— 東京特色西服店》（「芳賀矢一博士の洋服代『国民性十論』原稿料から差し引く　ユニークな店／東京」），『読売新聞』1908 年 6 月 11 日。

語」（即日本語文）教學的外聘兼課教師即是芳賀矢一。[36] 從上述兩點推測，即便還不能馬上斷言魯迅與芳賀矢一有直接接觸，也不妨認為「芳賀矢一」是魯迅身邊一個不能無視的存在。不論從社會名聲、著作，還是從課堂教學來講，芳賀矢一都不可能不成為魯迅關注的作者。相比之下，1906 年 9 月才跟隨魯迅到東京的周作人，留學時間短，又不大諳日語，在當時倒不一定對《國民性十論》有怎樣的興趣，而且即便有興趣也未必讀得了，他後來開始認真讀這本書，有很大的可能是受了乃兄的推薦或建議。比如說匆匆拉弟弟回國謀事，尤其預想還要講「日本」，總要有些參考書才好，魯迅應該比當時的周作人更具備判斷《國民性十論》是否是一本合適的參考書的能力，他應該比周作人更清楚該書可作日本文學的入門指南。而周作人後來的實踐也正體現了這一思路。當然，這是後話。

不過，最早留下關於這本書的文字記錄的卻是周作人。據《周作人日記》，他購得《國民性十論》是在 1912 年 10 月 5 日[37]，大約一年半後（1914 年 5 月 14 日）又購入相關參考資料和「閱國民性十論」（同月 17 日）的記錄[38]，而一年四個多月之後（1915 年

---

36 參見北岡正子：『魯迅救亡の夢のゆくえ —— 悪魔派詩人論から「狂人日記」まで』「第一章 〈文芸運動〉をたすけたドイツ語——独逸語専修学校での学習」，関西大学出版部，2006 年 3 月 20 日。關於芳賀矢一任「國語」兼課教員，請參看該書第 29 頁，註（30）。

37《周作人日記（影印本）》（上），鄭州：大象出版社，1996 年，418 頁。

38 同上，501–502 頁。

9 月「廿二日」），亦有「晚，閱《國民性十論》」的記錄 **39**。而周作人與該書的關係，恐怕在其 1918 年 3 月 26 日的日記最能獲得體現：「廿六日 …… 得廿二日喬風寄日本文學史國民性十論各一本」**40** —— 前一年，即 1917 年，周作人因魯迅的介紹進北京大學工作，同年 4 月 1 日由紹興抵達北京，與魯迅同住紹興會館補樹書屋 **41** —— 由此可知，《日本文學史》和《國民性十論》這兩本有關日本文學和國民性的書是跟着周作人走的。不僅如此，1918 年 4 月 19 日，周作人在北京大學文科研究所小說研究會上，做了堪稱其「日本研究小店」**42** 掛牌開張的著名講演，即《日本近三十年小說之發達》（4 月 17 日寫作，5 月 20 至 6 月 1 日在雜誌上連載 **43**），其中就有與《國民性十論》觀點上的明確關聯（後述）。與此同時，魯迅也在周作人收到《國民性十論》的翌月，即 1918 年 4 月，開始動筆寫《狂人日記》，並將其發表在 5 月出版發行的《新青年》四卷五號上，其在主題意象上出現接下來所要談的與《國民性十論》的關聯，殆非偶然吧。

筆者曾在另一篇文章裏談過，這一時期（截止到 1923 年他們兄弟失和），周氏昆仲所閱、所購、所藏之書均不妨視為他們相

---

39 同上，580 頁。

40 同上，740–741 頁。

41 張菊香、張鐵榮編著：《周作人年譜（1885–1967）》，121 頁。

42 周作人：《〈過去的工作〉跋》（1945），載鍾叔河編：《知堂序跋》，長沙：岳麓書社，1987 年，176 頁。

43 張菊香、張鐵榮編著：《周作人年譜（1885–1967）》，131 頁。

互之間潛在的「目睹書目」。[44] 同住一處的兄弟之間，共享一書，或誰看誰的書都很正常。《國民性十論》恐怕就是其中最好的一例。這本書對周氏兄弟影響都很大。魯迅曾經說過，「從小說來看民族性，也就是一個好題目」[45]。如果說這裏的「小說」可以置換為一般所指「文學」或「文藝」的話，那麼《國民性十論》所提供的便是一個近乎完美的範本。前面提到，在這部書中，芳賀矢一充分發揮了他作為國文學學者的本領，也顯示了其文獻學學者的功底，用以論證的例證材料多達數百條，主要取自日本神話傳說、和歌、俳句、狂言、物語以及日語語言方面，再輔以史記、佛經、禪語、筆記等類，以此推出「由文化史的觀點而展開來的前所未見的翔實的國民性論」[46]。這一點應該看作是對周氏兄弟的共同影響，尤其是對周作人。

在周作人收藏的一千四百多種日本書[47]當中，芳賀矢一的《國民性十論》對他的日本研究來說，無疑非常重要。事實上，這本書是他關於日本文學史、文化史、民俗史乃至「國民性」的重要入門書之一，此後他對日本文學研究、論述和翻譯也多有該書留下的「指南」痕跡。周作人在多篇文章中都援引或提到芳賀矢一，如《遊日本雜感》（1919）、《日本的詩歌》（1921）、《關

---

44 李冬木：《魯迅與日本書》，《讀書》2011 年第九期，北京：生活・讀書・新知三聯書店。

45 《華蓋集續編・馬上支日記》，《魯迅全集》第三卷，333 頁。

46 南博：『日本人論 —— 明治から今日まで』まえがき，46 頁。

47 李冬木：《魯迅與日本書》。

於〈狂言十番〉》（1926）、《〈狂言十番〉附記》（1926）、《日本管窺》（1935）、《元元唱和集》（1940）、《〈日本狂言選〉後記》（1955）等。而且他不斷地購入芳賀矢一的書，繼 1912 年購入《國民性十論》之後，目前已知購入的還有《新式辭典》（1922年 —— 購入年，下同）、《國文學史十講》（1923）、《日本趣味十種》（1925）、《謠曲五十番》（1926）、《狂言五十番》（1926）、《月雪花》（1933）、《芳賀矢一遺著》（富山房，1928 年出版，購入年不詳）[48]。總體而言，在由「文學」而「國民性」的大前提下，周作人所受影響主要在日本文學和文化的研究方面，包括通過「學術與藝文」[49] 看取日本國民性的視角。這裏不妨試舉幾例。

周作人自稱他的「談日本的事情」[50] 始於 1918 年 5 月發表的《日本近三十年小說之發達》。該文在五四時期亦屬名篇，核心觀點是闡述日本文化和文學的「創造的模擬」或「模仿」，而這一觀點不僅是基於對芳賀矢一所言「模仿這個詞有語病。模仿當中沒有精神存在，就好像猴子學人」（第三章「講現實，重實際」）的理解，也是一種具體展開。

---

48 在《元元唱和集》（《中國文藝》三卷二期，1940 年 10 月）中有言「據芳賀矢一《日本漢文學史》」。《日本漢文學史》非單行本，收入《芳賀矢一遺著》，1928 年由富山房出版。

49 參見周作人：《親日派》（1920），載鍾叔河編：《周作人文類編 7．日本管窺》，長沙：湖南文藝出版社，1998 年，619–621 頁。《日本管窺之三》（1936），出處同前，37–46頁。

50 周作人：《〈過去的工作〉跋》（1945），載鍾叔河編：《知堂序跋》，176 頁。

又如，從 1925 年開始翻譯《〈古事記〉中的戀愛故事》[51]，到 1926 年《漢譯〈古事記〉神代卷》[52]，再到 1963 年出版《古事記》全譯本[53]，可以說《古事記》的翻譯是在周作人生涯中持續近四十年的大工程，但看重其作為「神話傳說」的文學價值，而不看重其作為史書價值的觀點卻始終未變，雖然周作人在這中間又援引過很多日本學者的觀點，但看重「神話」而不看重「歷史」的基本觀點，最早還是來自芳賀矢一：「試觀日本神話。我不稱之為上代的歷史，而不恤稱之為神話。」（第一章「忠君愛國」）

再如，翻譯日本狂言也是可與翻譯《古事記》相匹敵的大工程，從 1926 年譯《狂言十番》[54]到 1955 年譯《日本狂言選》[55]，前後也經歷了近三十年，總共譯出二十四篇，皆可謂日本狂言之代表作，從中可「見日本狂言之一斑」[56]。這二十四篇當中有十五篇譯自芳賀矢一的校本，佔了大半：《狂言十番》譯自後者校本《狂言二十番》（有六篇），《日本狂言選》譯自後者校本《狂言五十番》（有九篇）。而周作人最早與芳賀矢一及其校本相遇，還是在東京為「學日本語」而尋找「教科書」的時代：

---

51 載《語絲》第九期。

52 載《語絲》第六十七期。

53 〔日〕安萬侶著、周啟明譯：《古事記》，北京：人民文學出版社，1963 年。

54 周作人譯：《狂言十番》，北京：北新書局，1926 年。

55 周啟明譯：《日本狂言選》，北京：人民文學出版社，1955 年。

56 周啟明：《〈日本狂言選〉後記》，載鍾叔河編：《周作人文類編 7・日本管窺》，365 頁。

那時富山房書房出版的「袖珍名著文庫」裏，有一本芳賀矢一編的《狂言二十番》，和宮崎三昧編的《落語選》，再加上三教書院的「袖珍文庫」裏的《俳風柳樽》初二編共十二卷，這四冊小書講價錢一總還不到一元日金，但作為我的教科書卻已經盡夠了。**57**

　　作為文學「教科書」，芳賀矢一顯然給周作人留下了比其他人更多的「啟蒙」痕跡。這與芳賀矢一在當時的出版量以及文庫本的廉價易求直接有關。日本國會圖書館現藏署名「芳賀矢一」的出版物四十二種，由富山房出版的有二十四種，屬富山房文庫版的有七種：《狂言二十番》（袖珍名著文庫第七，明治三十六年〔1903〕），《謠曲二十番》（同名文庫第十四，出版年同前），《平治物語》（同名文庫第四十一，明治四十四年〔1911〕），《保元物語》（名著文庫，卷四十，出版年同前），《川柳選》（同名文庫，卷五十，大正元年〔1912〕），《狂言五十番》（新型袖珍名著文庫第九，大正十五年〔1926〕），《謠曲五十番》（同名文庫第八，出版年同前）。這些書與周作人的關係還有很大的探討空間。而尤為重要的是，芳賀矢一把他對各種體裁的日本文學作品的校訂和研究成果，以一種堪稱「綜合」的形式體現在了《國民性十論》當中。對周作人來說，這就構成了一個相對完整的「大綱」式教

57 周作人著、止庵校訂：《知堂回想錄》（上），「八七　學日本語續」，石家莊：河北教育出版社，2002 年，274 頁。

本 —— 雖然「有了教本，這參考書卻是不得了」**58** —— 為消化「教本」讓他沒少花功夫。

此外，在周作人對日本詩歌的介紹當中，芳賀矢一留下的影響也十分明顯。由於篇幅所限，這裏不作具體展開，只要拿周作人在《日本的詩歌》(1921)、《一茶的詩》(1921)、《日本的小詩》(1923)、《日本的諷刺詩》(1923) 等篇中對日本詩歌特點、體裁及發展流變的敍述與本書的內容對照比較，便可一目了然。

當然，對《國民性十論》的觀點，周作人也並非全盤接受，至少就關於日本「國民性」的意義而言，周作人所作取捨十分明顯。總體來看，周作人對書中闡述的「忠君愛國」和「武士道」這兩條頗不以為然 (《遊日本雜感》〔1919〕、《日本的人情美》〔1925〕、《日本管窺》〔1935〕)。雖然周作人確認了「萬世一系」這一事實本身對於了解日本的「重要性」，也像芳賀矢一那樣介紹過日本臣民很少有「覬覦皇位」的例子 (《日本管窺》)，而且在把對日本文化的解釋由「學術與藝文」擴大到「武士文化」時，也像芳賀矢一一樣舉了武士對待戰死的武士頭顱的例子，以示「武士之情」(《日本管窺之三》〔1936〕)，但對這兩點，他都有前提限制。關於前者，認為「忠孝」非日本所固有；關於後者，意在強調「武士之情」當中的「忠恕」成分。而他對《國民性十論》的評價是：「除幾篇頌揚武士道精神的以外，所説幾種國民性的優點，如愛草木喜自然，淡泊瀟灑，纖麗纖巧等，都很確當。這是

---

58 同上。

國民性的背景，是秀麗的山水景色，種種優美的藝術製作，便是國民性的表現。我想所謂東方文明的裏面，只這美術是永久的榮光，印度中國日本無不如此。」[59]

還應該指出的是，越到後來，周作人也就越感到日本帶給他的問題，而芳賀矢一自然也包括在其中。例如，1935 年周作人指出：「日本在他的西鄰有個支那是他的大大方便的事，在本國文化裏發現一點不愜意的分子都可以推給支那，便是研究民俗學的學者如佐藤隆三在他新著《狸考》中也說日本童話《滴沰山》（かちかち山，Kachikachi yama）裏狸與兔的行為殘酷非日本民族所有，必定是從支那傳來的。這種說法我是不想學，也並不想辯駁，雖然這些資料並不是沒有。」[60] 其實這個例子周作人早就知道，因為芳賀矢一在《國民性十論》第十章「溫和寬恕」裏講過，「這恐怕不是日本固有的神話」，而是「和支那一帶的傳說交織轉化而來的」，由此可知，「這種說法」周作人一開始就是「不想學」的。

到了寫《日本管窺之四》的 1937 年，年輕時由芳賀矢一處所獲得的通過文藝或文化來觀察日本「國民性」的想法已經徹底動搖，現實中的日本令周作人對這種方法的有效性產生懷疑，「我們平時喜談日本文化，雖然懂得少數賢哲的精神所寄，但於了解整個國民上我可以說沒有多大用處」，「日本國民性終於是謎似的不

---

59 周作人：《遊日本雜感》，《新青年》六卷六號，1919 年 11 月刊，載鍾叔河編：《周作人文類編 7·日本管窺》，7 頁。

60 知堂：《日本管窺》，《國文週報》十二卷十八期，1935 年 5 月，載鍾叔河編：《周作人文類編 7·日本管窺》，26 頁。

可懂」。[61] 這意味着他的「日本研究小店的關門卸招牌」[62]——就周作人對日本文化的觀察而言，或許正可謂自「芳賀矢一」始，至「芳賀矢一」終吧。

五、魯迅與《國民性十論》

筆者曾撰文探討魯迅《狂人日記》中「吃人」這一主題意象的生成問題，認為其與日本明治時代「食人」言說密切相關，是從這一言說當中獲得的一個「母題」。為確證這一觀點，筆者主要着手兩項工作，一項是對明治時代以來的「食人」言說展開全面調查和梳理，另一項是在該言說整體當中找到與魯迅的具體「接點」，在這一過程中，芳賀矢一和他的《國民性十論》浮出水面，因此，「魯迅與《國民性十論》」這一題目也就自然包括在了上述研究課題中。該論文題目為《明治時代「食人」言說與魯迅的〈狂人日記〉》，發表在《文學評論》2012 年第一期（中國社會科學院文學研究所）上，此次特作為「附錄」附於書後，詳細內容請讀者參閱這篇文章，這裏只述大略。

與周作人相比，魯迅對《國民性十論》的參考，主要體現在他對中國國民性問題的思考方面。具體而言，魯迅由芳賀矢一對日本國民性的闡釋而關注中國的國民性，尤其是中國歷史上的

---

61 原載《國文週報》十四卷二十五期，1937 年 6 月，署名知堂，載鍾叔河編：《周作人文類編 7・日本管窺》，56 頁。

62 周作人：《〈過去的工作〉跋》（1945），載鍾叔河編：《知堂序跋》，176 頁。

「吃人」事實。

在屬於魯迅的自創文本中沒有出現「芳賀矢一」，或者說沒有相關的記載，[63] 這一點與周作人那裏的「細賬」呈現的情形完全不同。不過，在魯迅的譯文當中，「芳賀矢一」是存在的。例如，被魯迅稱讚為「對於他的本國的缺點的猛烈的攻擊法，真是一個霹靂手」[64] 的廚川白村（Kuriyagawa Hakuson，1880–1923）就在《出了象牙之塔》一書中大段介紹了芳賀矢一和《國民性十論》，魯迅翻譯了該書，[65] 其相關段落譯文如下：

但是，概括地說起來，則無論怎麼說，日本人的內生活的熱總不足。這也許並非一朝一夕之故罷。以和歌俳句為中心，以簡單的故事為主要作品的日本文學，不就是這事的證明麼？我嘗讀東京大學的芳賀教授之所說，以樂天灑脫，淡泊瀟灑，纖麗巧致等，為我國的國民性，輒以為誠然。（芳賀教授著《國民性十論》一百一十七至一百八十二頁參照。）過去和現在的日本人，卻有

---

63 這是就目前容易看到的兩種「全集」而言，即人民文學出版社出版的 1981 年十六卷本和 2005 年十八卷本《魯迅全集》，這兩種全集都未收錄佔魯迅畢生工作量一半的翻譯著作。

64 魯迅：《〈觀照享樂的生活〉譯者附記》，收《譯文序跋集》，《魯迅全集》第十卷，277 頁。

65 《出了象牙之塔》，原題『象牙の塔を出て』，永福書店，大正九年（1920），係廚川白村的文藝評論集，魯迅在 1924 年至 1925 年之交譯成中文，並將其中的大部分陸續發表於《京報副刊》《民眾文藝週刊》等期刊上。1925 年 12 月由北京未名社出版單行本，列為「未名叢刊」之一。

這樣的特性。從這樣的日本人裏面，即使現在怎麼嚷，是不會忽然生出托爾斯泰和尼采和易孛生來的。而況莎士比亞和但丁和彌爾敦，那裏會有呢。[66]

　　再加上前面提到的魯迅在「獨逸語專修學校」讀書時，芳賀矢一也在該校教「國語」那層關係，即使退一萬步，也很難如某些論者那樣，斷言魯迅與芳賀矢一「沒有任何關係」。[67]

　　也就是說，不提不記並不意味着沒讀沒受影響。事實上，在「魯迅目睹書」當中，他少提甚至不提卻又受到很深影響的例子的確不在少數。[68] 芳賀矢一的《國民性十論》也屬於這種情況，只不過問題集中在關於「食人」事實的告知上。具體請參閱本書第十章「溫和寬恕」，芳賀矢一在該章舉了十二個中國舊文獻中記載的「吃人」事例，其中《資治通鑑》四例，《輟耕錄》八例。筆者以為，正是這些事例將中國歷史上「吃人」的事實暗示給了魯迅。為避免重複，其推查過程在此省略，詳細情形，請參閱附錄《明治時代「食人」言說與魯迅的〈狂人日記〉》一文。

　　倘若不以一國文學史觀來看待《狂人日記》，而是將其置於一個更廣闊的文化背景下來看待，那麼也就很容易知道，截止到

---

66 〔日〕廚川白村著、魯迅譯：《出了象牙之塔》，載王世家、止庵編：《魯迅著譯編年全集》卷六，北京：人民出版社，2009 年，86 頁。

67 參見本書附錄所列相關評論和論文。

68 參見李冬木：《魯迅與日本書》，以及李冬木關於《支那人氣質》和「丘淺次郎」研究的相關論文。

魯迅發表小說《狂人日記》為止，中國近代並無關於「吃人」的研究史，吳虞在讀了《狂人日記》後才開始做他那著名的「吃人」考證，也只列出八例。[69] 調查結果表明，「食人」這一話題和研究是在明治維新以後的日本展開的。《國民性十論》的重點並不在於此，卻因其第十章內容而與明治思想史當中的「食人」言說構成關聯，其之於魯迅的意義，是促使魯迅在「異域」的維度上重新審視母國，並且獲得一種對既往閱讀、記憶以及身邊正在發生的現實故事的「激活」，也就是魯迅所説的「悟」。

總之，即使只把話題限定在「周氏兄弟」的範圍，也可略知《國民性十論》對於中國五四以後的思想和文學有着不小的意義。相信讀者在閱讀中還會有更多的發現和新的解讀。

最後，還想提請讀者注意的，是這本書的成書年代。這是一本距今一百一十年的出版物，是一個歷史上的文本，其中所述情形已經和此後乃至現今的日本有了很大的不同自不待言，尤其書中出現的諸如「近頃」「最近」「不久前」「至今」這類表述時間的詞語，都是以 1907 年即明治四十年日俄戰爭結束後不久的時間點為基準而言的，相信它們會提示讀者，現在的閱讀體驗，正是重返一百多年前的歷史現場。

李冬木

2012 年 3 月 15 日初稿於大阪千里

2018 年 2 月 22 日修改於京都紫野

---

69 參見《吃人與禮教》，《新青年》六卷六號，1919 年 11 月 1 日。

序言

觀人物傳記，其首先是描述體格，如「容貌魁偉，力能扛鼎」，然後描述心性，諸如「幼而歧嶷穎敏」[1]之類。了解一個人，了解一個民族，其道理相同，都應從體格和心性兩方面來看。各種民族，不僅毛髮膚色相異，其性質也各不相同。即使同在日本，也有奧州人和九州人的地域之別，[2]但倘把日本人作為一個整體，拿來和歐洲人比較，也就自然會看到作為日本人的性質。正像歐洲人看似相同卻又有英法德俄的語言之異一樣，英法德俄亦各有其性質。國民之性質，對其國家的文化構成影響，在政體、法律、語言、文學、風俗、習慣等方面留下烙印，而政體、法律、語言、文學、風俗、習慣等文化要素又反過來塑造國民的性質。而且，一個民族文化的發展又並非孤立純粹地進行，其不可避免地要與其他民族的文化相互融合，相互混合，其發達由此而來，其結果也就變得越來越複雜。

新大陸的發現、舊教派的傳教、探險事業、殖民政策等等，世界近世史促進了東西文明的接觸，這是世界上的各個人種活動

---

1 據《漢語大詞典》，「容貌魁偉」語見《後漢書・郭太傳》：「身長八尺，容貌魁偉，褒衣博帶，周遊郡國」；「力能扛鼎」語見司馬遷《史記・項羽本紀》：「籍（項羽）長八尺餘，力能扛鼎，才氣過人」；「歧嶷」（音 qí yí）語見《詩・大雅・生民》：「誕實匍匐，克岐克嶷。」朱熹《集傳》：「岐嶷，峻茂之狀。」後多以「岐嶷」形容幼年聰慧。《東觀漢記・馬客卿傳》：「馬客卿幼而岐嶷，年六歲，能接應諸公，專對賓客。」此類漢籍典故的熟練使用，體現了作者作為一個日本「國文學者」的深厚漢學修養，此後凡涉「漢典」，如無特殊情況，均不另加譯註。—— 譯註（編按：譯文所有註釋均為譯註，以下不再逐條說明。）

2 奧州即陸奧國的別稱，律令制之下的行政區劃之一，位於今岩手縣境內，2006 年由市町村合併而出現以舊稱命名的新市：「奧州市」。九州即指現在的九州島地區。

在一個共同舞台的時代。近世的精神科學，經常通過比較的方法和歷史的方法，或宗教，或語言，或美術，或文藝來論述民族的異同，致力於發揮民族特性。在萬般事物當中，一種傾向是把世界看作一個整體，而另一種傾向卻是越發實行國家分立主義。俄國沙皇是和平會議的主要倡導者，卻又在其領土內不斷屠殺猶太人。這邊正想着日英同盟和美國的援助，太平洋彼岸的排斥黃種人之聲卻總是一浪高過一浪。當今之時，我應知彼，更應知己。

我國從很早的時候起就接受了支那[3]文化，並通過支那接受了印度文明。然而，在東洋各國皆萎靡不振的今日，惟我國步入了世界強國之林。晚近引進西洋文明，其效果也日趨明顯。我國文化如何受到了印度、支那的影響？我國國民又將其消化到了怎樣的程度，發展了自身？我等在思量今日幸運的同時，亦自當深戒日後，知曉過去，熟慮將來。

---

3 關於「支那」一詞，請參閱本書導讀「三、關於本書中的『支那』」。「支那」作為中國的別稱最早見於佛教經典，據說用來表示「秦」字的發音，日本明治維新以後到二戰結束以前普遍以「支那」稱呼中國，因這一稱呼在甲午戰爭後逐漸帶有貶義，招致中國人的強烈反感和批評，日本在二戰結束後已經終止使用，在中國的出版物中也多將舊文獻中的「支那」改為「中國」。本譯本不改「支那」這一稱呼，以保留其作為一份歷史文獻的原貌 —— 而道理也再簡單不過，不會因為現在改成「中國」二字而使歷史上的「支那」這一稱呼消失。事實上，「支那」（不是「中國」）在本書中是作者使用的一個很重要的參照系，由此可感知在一個特定的歷史階段，日本知識界對所謂「支那」懷有怎樣的心象。

一 ｜ 忠君愛國

我在德國留學時，有一年在慶祝天長節[1]的宴會上，聽了佩戴日本勳章的西博爾德男爵[2]關於日本近世史的演說，有感於其中的一節。他說：「西洋各國的革命，皆出於對國王的不滿，其結果不是削弱了王室的權威，就是將其徹底顛覆。日本卻與之相反，每有革命，皇室權威益增，繁榮益進。」這正可謂講清了我國國體與其他國家有怎樣的不同。也就是說，過去的大化改新和最近的明治維新這兩大政治變動，正由於發生在我國，其完成才極其容易，是一種水到渠成的結果。當接觸到了新文化並要將其採納時，只要發出一道改制的詔書，下邊就會獻出自祖先以來所獲得的領地、領民，放棄各種既得的將來之權利，唯唯諾諾，仰承大命，這在外國人是絕對做不到的。然而正因為如此，我國國民才得以維繫萬世一系的國體，與時俱進。同樣的事情倘若發生在外國，國王與人民肯定免不了發生衝突，而一旦與民衝突，國王便在劫難逃，這種事例不勝枚舉。逃亡國外的蠢態以及最後被綁縛刑場，露消斷頭台，英國和法國的這類歷史，在日本人看來幾乎

---

1 「天長節」即在位天皇生日慶祝日，取自唐玄宗生日慶典的稱呼，從公元 8 世紀上半葉一直沿用到 1948 年，現稱「天皇誕生日」，為日本國民節日。按照慣例，日本駐外使領館將這一天作為日本國家日，宴請駐在國來賓。

2 西博爾德即阿列克謝杉德爾·給奧盧克·庫斯塔夫·馮·西博爾德（Alexander George Gustav von Siebold，1846–1911），是德國醫生、植物學家、德國近代日本學奠基人菲利普·佛朗茲·馮·西博爾德（Philipp Franz von Siebold，1796–1866）的長子，1859年，即其十二歲時隨父到長崎，接受日本教育，十五歲擔任英國駐日公使館翻譯，明治維新後又受雇於明治政府，主要擔任翻譯工作，1869 年因為奧地利通商使節擔任翻譯貢獻突出，被奧地利皇帝授予男爵稱號，後來又先後獲得了德國和日本的勳章。

難以置信。不論是誰，當他從小學升入中學開始學外國的歷史，無疑一定會對外國史上多有殘酷無道之事感到吃驚。「革命」之語，本出自「天之命維革」，故今天用來對應外語中的 Revolution 這個詞。支那人自古就以天子受命於天而治百姓的思想為根本，因此只要是聖人賢者，那麼不論是誰來取代天子都無所謂。正因為如此，歷代二十四朝，長的也不過持續三百年，時候一到，天之命而革的準備是早就做好了的，平心靜氣地擁戴新天子登基。在這些國家裏，絕不會發生像大化改新和明治維新那樣的改革。英國貴族至今仍擁有龐大的領地。德國也是如此。日本國民對於皇室的想法，古今東西，無見其類。

西洋各國帝王、支那天子都來自民間，或憑藉權力，或眾望所歸，遂贏得帝王之位。倘去論出身，正祖先，便是同等的國民。這是其他外國國民對待王室的想法。日本人把皇室視為與我等國民不同的另一種存在。支那有「王侯將相，寧有種乎」的說法，但日本人卻自祖先以來就認為帝王之位不可覬覦，雖然沒有誰這樣教過他。在漫長的歷史中，雖不乏向皇家引弓放箭之事，卻絕不曾有過圖謀天子之位的想法。在大日本史裏，源義朝 [3]、源義仲 [4] 都是入了叛臣傳的，但因為他們都正了與天子作對的大義名

---

3 源義朝（Minamoto no Yoshitomo，1123–1160），日本平安末期的武將，在皇室內部紛爭的「保元之亂」中因支持後白河天皇而得勢，後在平治之亂中被殺。

4 源義仲（Minamoto no Yoshinaka，1154–1184），日本平安末期的武將，1180 年奉後白河天皇第三皇子以仁王之命起兵討伐平氏族，大勝後被封為征夷大將軍，後因干預皇位繼承而與後白河天皇不睦，戰敗被殺。

分，所以也就並非要推翻皇室的謀反之人，而都不過是因失了皇室的恩寵，追悔莫及，喪失理智，才去犯上作亂。很多人都是因為得不到朝廷的某種官位才惹下亂子，他們只是任性之輩，雖做了叛臣卻並沒忘記天朝之尊。平將門[5]也是因為沒當上「檢非違使」才謀反的。只有一個叫弓削道鏡[6]的和尚動了非分之念，想集佛法與王法於一體，自己去坐那位子，然而忠誠的臣民之聲，化作八幡之神託，[7]轉眼之間就把這個和尚排斥掉了。除此之外並無一人。藤原氏[8]雖有廢立之舉，也是出於讓自己的女兒生的皇子去繼承皇位的慾望，此即為人一世的最大的慾望，倘能實現，便是人生最大的滿足。其歌曰：

5　平將門（Taira no Masakado，生卒年不詳），推定是公元 9 世紀末至 10 世紀初日本平安時代中期的人物，關東豪族，捲入朝廷的紛爭，曾襲擊國衙，奪取印鑰，針對京都朝廷，自稱「新皇」，兩個月後便被平定。下文中的「檢非違使」係掌管軍隊的官職。

6　弓削道鏡（Yuge no Dokyo，約 700–772），日本奈良時代末期政治家、僧侶，生於河內（今大阪南部），俗姓弓削連，因得孝謙天皇寵信，位至太政大臣禪師，進而為法王，以佛教理念干政，底下的一班人遂以所謂「神託」而欲將其推上皇位，卻以失敗而告終，在稱德天皇（孝謙天皇之重祚）死後被左遷下野藥師寺（今櫪木縣境內），死在那裏。

7　八幡之神託，「八幡」指宇佐八幡宮，通稱宇佐神宮，位於今日本大分縣宇佐市，號稱日本四萬四千八幡宮的「總本山」，公元 769 年時任太宰師的弓削道鏡之弟弓削道人上奏來自宇佐八幡宮的「神託」：道鏡繼承皇位將帶來天下太平。稱德天皇遂遣人調查，結果卻是「另有神託」，稱皇位「必以帝氏相繼」，而弓削道鏡卻自己想當天皇。「另有神託」的調查者及其相關人士雖遭受了稱德天皇的處罰，但也就此阻止了弓削道鏡繼位。

8　藤原氏指藤原道長（Fujiwara no Michinaga，966–1027）。日本平安中期貴族，關白政治時代的攝政大臣，他的三個女兒先後成為一條、三條、後一條天皇的皇后，另一個女兒成為後朱雀東宮的皇妃，以所謂「一家立三后」之勢，將藤原家帶向鼎盛。

此世乃我，月圓無闕。**9**

　　看這一時期的物語和草紙類 **10**，對這種情形也會十分了然。《落漥物語》**11** 裏的落漥姬君，幼年時受繼母的氣，後來其夫做了太政大臣，其女也入選到宮裏。此即為人一世最大的出人頭地，也是最高理想。《宇津保物語》**12** 中的貴宮，是眾多戀人競爭的中心點，然而一旦為東宮所召，當初的競爭者便都撒手退出。光源氏 **13** 迎娶了三公主，狹衣大將 **14** 也以長公主為妻。《宇津保物語》中的仲忠娶的也是皇家的長女。生為女人當然是做皇后，但生為男子能迎娶皇女則是最大的出人頭地和最大的榮譽。在《源氏物

---

9 語見當時公卿藤原實資《小右記》，乃寬仁二年（1018）十一月二十六日，藤原道長為自己的第三個女兒入宮，設宴慶賀，即興所作之歌。

10 「物語」，近似中國過去的「話本」，是傳奇、紀實和小說等的總稱。「草紙」原指粗糙的紙張，後與「卷」相對，指裝訂本書籍，一般用作通俗文學的總稱。

11 《落漥物語》，公元 10 世紀末的作品，四卷。主人公落漥姬君天生麗質，卻遭受繼母虐待，後被一個貴公子救出，過上幸福生活。

12 《宇津保物語》，公元 9 世紀至 12 世紀日本平安時代中期出現的長篇物語，共二十卷。主人公仲忠因為得到家傳古琴秘技，後來飛黃騰達。

13 光源氏參見本書第 40 頁譯註 15《源氏物語》。

14 狹衣大將係《狹衣物語》的主人公。《狹衣物語》是日本平安時代中期作品，關於作者說法不一，有紫式部之女大式三位說，有源賴國女說，全書四卷，以主人公狹衣大將的戀愛故事為主線，明顯留有《源氏物語》的影響痕跡。

語》[15] 裏，光源氏之子雖將即位，但他自己是皇子，即便其子成為天子，自己做院君也並無不妥。若在後世文學裏尋找，那麼在足利時代的小說裏只有一篇叫《今宵之少將》[16] 的，講的是女子閉居長谷寺祈願時有了身孕，後來那孩子做了天皇。不過我想，這個時代的小說，都大做佛之化身的文章，把佛家利益鼓吹到了極端的程度，不近情理的東西很多，偶爾出了這種故事也未可知。

　　平清盛[17] 是利己主義的結晶，甚至有他回請天皇的傳說，但這也正是他相信平氏家族的顯赫，相信位居人臣之上的太政大臣的地位是滿門莫大榮譽的緣故。當他恣意要幽閉法皇時，小松重盛[18] 進諫道：

---

15 《源氏物語》，日本古典長篇小說，一般認為成書於 1003 年至 1008 年之間，相當於日本平安時代（794–1185）中期，就時間而言，也是世界上最早的長篇小說，作者紫式部（Murasaki Shikibu，生卒年未詳），時任宮中女官，全書由五十四帖構成，以宮廷重臣光源氏的榮華、戀愛以及其子孫的故事為主線，描寫了平安時代前期和中期的日本宮廷生活，被譽為日本文學的高峰。有豐子愷譯本三卷。

16 足利時代亦稱室町時代，指足利軍掌權並將幕府設在京都室町的時期，從 1392 年到 1573 年。《今宵之少將》全稱《今宵之少將物語》，又名《雨宿（避雨）》。

17 平清盛（Taira no Kiyomori，1118–1181），日本平安時代末期的武將、公卿、政治家。平忠盛的嫡長子（另有一說其生父是白河天皇）。1156 年保元之亂後被後白河天皇看重，1159 年平治之亂中因擊敗源義朝其地位得以鞏固。1167 年以武士之身首次升任太政大臣，其女平德子嫁高倉天皇，成為皇后，開創了平氏政權輝煌的時代。後文說「幽閉法皇」，法皇指的是出家的後白河天皇。

18 小松重盛即平重盛（Taira no Shigemori，1138–1179），因築居於「六波羅小松第」而名前被冠以「小松」，日本平安時代末期武將、公卿，平清盛之嫡嗣，輔佐其父在保元、平治之亂中屢建戰功，官至左近衛大將、正二位內大臣。

太政大臣權極至此，即在祖先亦聞所未聞。重盛以無才暗愚之身，位至蓮府槐門。且不僅如此，國郡之半，為一門所領，田園悉為一家進止，此豈非來自稀世罕見之朝恩乎？**[19]**

平清盛軟化下來，遵從此言。承久之役 **[20]**，北條泰時 **[21]** 特意中道而返，請示其父義時道：

若途中與鳳輦不期而遇，看到那邊舉着御旗，需我等「隨君侍君側」時，該如何進退。我只為請示這一事而一人策馬而歸。

義時答道：

你怎麼這麼囉嗦！這不是明擺着嗎？敢衝着君之御輿引弓放箭，成何體統？遇到這種時候，就要趕緊摘盔解甲，收弓藏劍，在旁邊領旨謝恩，以身相待。

吉野朝時代之爭，實為皇室內部一分為二，因此尊氏以下

---

19 這段文字見《平家物語》卷二。

20 承久之役亦稱承久之亂，日本鐮倉時代的承久三年（1221）發生的後鳥羽天皇舉兵討伐鐮倉幕府的戰爭，是役幕府佔了優勢，朝廷權力受到了極大的限制。

21 北條泰時（Hokujyo Yasutoki，1224–1242），日本鐮倉時代前期武將，鐮倉幕府第二代實權人物北條義時的長子，後成為鐮倉幕府第三代實權人物。這裏指的是他出征去迎戰後鳥羽天皇的軍隊。文中對話見《增鏡》之《第二 新島守·承久之亂起，東國勢出陣》。井上宗雄：《增鏡（全譯註）》（上），講談社，1983年。

在京都自稱將軍。正因為尊氏在京都擁戴天子，才會有人聚集幕下，倘若他是個背叛朝廷的朝敵，也就不會有人追隨其後了。不論有多大的野心，只要離開皇室便一事無成。尊氏的野心也只是要當個征夷大將軍，本來並無輕侮朝廷、顛覆皇室的非分之想。這種事例在支那的南北朝之爭和三國之爭當中是看不到的。不論是怎樣的惡人，怎樣的叛逆之徒，因為都必備尊崇皇室之念，所以絲毫沒有像支那或諸外國那樣，只要時機成熟便要取而代之的打算。我國史乘之波瀾，不外乎皇族之間的博弈或皇位之下權臣們的爭權奪利。

這在外國人看來是值得懷疑的。在那些不了解我國民之性質的人們眼裏，無論如何，萬世一系都是件不可思議的事。因為這在世界上絕無僅有，所以本來就是不可思議的。近頃支那人熱心起研究日本來，據其序言所言，因對此頗感不可思議，還曾委託某人去調查平將門的事跡。真可謂貽笑大方。又聽説支那不斷調查維新事實以試圖用作參考，然而倘若不了解我國民對皇室懷有怎樣的尊崇之念，也就不會探知到我國歷史之真相。波旁王朝 [22]

---

22 波旁王朝（法語：Maison de Bourbon）在歐洲歷史上是個跨國界的斷斷續續的王朝，這裏指其在法國的統治時期，即從 1589 年至 1830 年。

也好，霍亨索倫王室 [23] 也好，羅曼諾夫王朝 [24] 也好，劉氏 [25] 也好，楊氏 [26] 也好，愛新覺羅氏 [27] 也好，外國的朝家皆有姓氏和朝號，而我皇室卻沒有。[28] 如果不懂這個道理，也就不會理解日本的歷史。自有史以來，君臣之定分，不待由歷史事實來説明，早在有史以前就已成為浸透我民族腦髓之箴言。

　　試觀日本神話。我不稱之為上代 [29] 的歷史，而不恤稱之為神話。倘觀察神話的性質，那麼就會看到其中最能體現出國民性來。我國神話與外國神話不同，其既是以我皇室為中心的神話，也是以我國土為中心的神話。天地剖分，伊奘諾、伊奘冊二神降臨磤馭慮島，首先生下大八洲各島，此即我日本之國土。接着又

---

23 霍亨索倫（Hohenzollerns）是發祥於德國南部的一個歐洲貴族、王室乃至帝王的家族，因居住在霍亨索倫城堡而得名，是勃蘭登堡·普魯士（1415–1918）及德意志帝國（1871–1918）的主要統治家族。羅馬尼亞國王也出自該家族。14 世紀起，該家族在「索倫」前冠以「霍亨」（意謂「高貴的」）字樣，遂稱霍亨索倫家族。

24 羅曼諾夫王朝（Romanov Dynasty; Romanovyi; Романовы）是俄羅斯歷史上第二個也是最後一個王朝，其統治期限為 1613 年至 1917 年，共有十八位沙皇君臨王位。在此期間，俄羅斯由東歐的一個閉塞的小國擴張成為世界強國之一。

25 指中國的劉姓漢朝。

26 指中國的楊姓隋朝。

27 指中國的愛新覺羅氏清朝。

28 日本皇室因自古一直持續至今，故天皇和皇族不具有姓氏，所謂「某某宮」，並非表示姓名，而是當作個人的「宮號」。在日本古代，姓氏皆由天皇向臣下賜予，而天皇又處在超越姓氏的地位，不存在位居天皇之上者向天皇賜姓，所以天皇沒有姓氏。本書作者在此要說的就是這層意思。不過也有學者根據《隋書》中「倭國傳」等歷史資料記載，認為倭國王是有姓氏的。

29 上代，日本史斷代的一種劃分，指開始有文獻記錄的階段，通常具體指 6 世紀到 8 世紀的「飛鳥時代」和「奈良時代」。

生下水、木、火諸神，而女神亦因產火神而崩。隨後，當男神因前往夜見之國目睹女神而觸穢需要清洗時，從他眼睛和鼻子裏就洗出了天照大神、月讀神和素盞鳴神這三個神。據說，這天照大神就是我皇室的祖先。置而言之，日本國土和天照大神都同為伊奘諾尊的子嗣，即他們是兄弟。由此可知，國土和皇室有着不可分割的血肉關係。

三神之治，分而有定。天照大神治高天原，月讀神治夜之國，素盞鳴神治海國。後來，到了天照大神的孫子一代，即彥火火瓊瓊杵尊之代，天降而君臨於這片國土。因為國土本來生而為天照大神的兄弟，也就當然不會有誰會對此持有異議。從前是素盞鳴神去了出雲，而今尊始以來是第五代大國主命，由於他知道是天孫的降臨，也就老老實實地服從而以舉國拱手相讓。直到後世，出雲國造神壽詞一直作為歷代朝廷的賀詞而代代相傳。也就是說，我國國土應當由天孫來治理，而治理我國國土的人也只能是天孫血統而不會是其他，這一點構成了太古神話形成的要素。大國主命聽說是天孫降臨，便乖乖地讓出其國土，這種精神即在大化改新和明治維新當中亦同樣體現出來的我國國民的精神。

我國神話是極平和的。有神八百萬，卻沒有誰對天孫採取敵對行動。在外國神話裏，會看到體現為太陽的勇者之神遇到各種各樣的妖魔鬼怪並將他們逐一降服的故事。但在我國，這種故事

卻一個都沒有。岩洞藏身[30]係被御弟素盞鳴神的行為激怒所致，那時八百萬之神召集起來也只是開會商量下一步該怎麼辦，而天照大神也並非像外國的太陽神那樣，或被幽閉或一時被殺害繼而又復活。雖有「荒神」這個稱呼，卻不見有荒暴的行為。八百萬之神，都是忠厚老實的神。天神也好，國神也好，惟竭盡全力輔弼日神之子孫的事業，而無人想要妨礙其事業或奪取其領土。我國神話實乃和平之神話，而這不正是我古昔國民之心性的反映嗎？

在古昔之國民精神當中，早已定下君臣之名分。天孫之血統既定為當繼承帝位之種，而其餘則既定為棲息於這片國土而當臣服其下之種。皇室是一種特別的存在，高於我等國民一節。此即kami（音"kami"——譯註），此即「長上（kami）」，此即「神（kami）」。kami之語，通「神」，通「上」，通「頭頂之髮」，意味着所有「在上者」。至今在宮中仍將陛下稱奉為「御上」。而又通於「雷（kami）」，此由「尊貴」和「敬畏」之意轉借而來。這種關於kami的思想，從古至今一直是我等日本人對皇室的常情宿念，與外國國民對由同族中發跡而擁有姓氏的帝王之感想大相徑庭。柿本人丸作歌道：

---

30 岩洞，原文作「窟戶」，也寫作「天岩戶」「天磐戶」等，係日本神話中天照大神的隱身之處。天照大神因不滿自己弟弟素盞鳴尊的胡作非為，隱身岩洞，自閉於石戶內不肯出來，遂導致天昏地暗。眾神相聚到一起，想出種種辦法，最後終於把天照大神引出了石窟，使天地重現光明。

大君即吾神，雷霆之上做行宮。**31**

　　其所展現的也正是「上（kami）」，即神的上代思想。此外，像「八隅知之，吾君乃神，神乃神現⋯⋯」，「登天原兮石門開，神高顯兮臨四海」**32** 等歌都是把「大君」作為神來詠唱的。在「宣命」**33** 中「現神止大八洲國知食」的表述，不論「現神止」讀「阿吉慈米（kami）」還是讀「阿拉希陶（kami）」都是現在活着的神的意思。用漢字來寫，有「神」與「上」的不同，但在日語當中並無區別。《千本櫻》中的辨慶也是因為要在實乃安德天皇真身的「阿安」的身上跨過，才腿腳僵直的。**34**《憲法》第三條所記「天皇

---

31 作者柿本人丸，即柿本人麻呂，該歌見《萬葉集》第 235 首。

32 此二首亦出自柿本人麻呂之手，分別見於《萬葉集》第 45 首和第 167 首。

33「宣命」（senmyo）係指以漢字書寫的天皇的日語詔書，與用純漢文書寫的「敕詔」相對。

34《千本櫻》，全名《義經千本櫻》，日本江戶時代（1603–1868）中期的淨琉璃和歌舞伎作品，其主人公有多人，但主線人物為日本平安時代（794–1192）末期的武將源義經。這裏提到的辨慶是源義經的家臣，一直伴隨主人到最後。當他們被源義經之兄源義朝追殺，逃到海邊要渡往九州時，正遇到安德天皇男扮女裝成叫「阿安」的女孩兒，也隱身在那個海邊旅館裏，當辨慶要從熟睡的「阿安」身上跨過時，他的腿腳突然抽搐得不能動彈。

神聖不可侵犯」，**35** 正是自上代以來的國民之心的表現。國民對皇室的敬虔之念如此，卻又並不只是出於對神的恐怖和畏懼。

皇室稱作「公」。「公」者，「大家」之意也。對於皇室而言，我等是「小家」，也就是說，有看法認為皇室即我等的本家和宗家。在這種思想當中，皇室與國民之間包含着更多的親密成分。兩者之間，不是統治者與被統治的關係，而是相互之間有着發自心底的上親下愛的親睦之情。八百萬神都是皇孫事業的翼贊之人，卻不是出於義理的恐懼，而是出於對作為大本家之統帥和首領的尊敬。其中有着親子式的關係。子應惟親之命是聽，應使親高興。某物得之於親則喜。親子之愛，乃人間至情，即真心也。此真心即忠。忠之語是漢字音，譯成日語只能是誠心、真心而不是其他。在日本，忠與孝是一回事，皆和真心同意。

以此真心來對待皇室，便是國民之情。敬之若神，畏之若神，仰仗猶父，親之如母。因此，倘天皇有令，便萬事服從，萬事聆聽，不僅不以為嫌，反而覺得難得有機會效命。土地返上自不待言，就是捨上身家性命，亦會興高采烈。

---

35 《憲法》指 1889 年 2 月 11 日公佈、1890 年 11 月 29 日實施的《大日本帝國憲法》，簡稱《帝國憲法》，由於公佈並實施於明治二十二、二十三年間，故又稱「明治憲法」，由七章七十六條構成，是一部基於君主立憲主義的近代憲法，其第一條和第二條分別為「大日本帝國由萬世一系之天皇統治」和「皇位依皇室典範所定由皇室男子繼承」。戰後公佈（1946 年 11 月 3 日）的《日本國憲法》取代了「明治憲法」並實施至今，故「明治憲法」通常也叫作「舊憲法」。現行憲法規定，天皇是「日本國之象徵以及日本國民統合之象徵」。

······ 曾是其高厚，歡樂寧有既，追惟大伴，祖神遠自，大久米主，赫其尊諡，世共厥職，王事是咨，將赴於海，沉屍無悔，將赴於山，屍骨生苔，死惟君側，義無遲回 ······ **36**

此等奉公精神即由此而來。「天地正大氣，粹然鍾神州」**37** 中所言「正大之氣」，「若問敷島大和心」**38** 中所言「大和心」，皆指這種真心。元寇之役 **39**，趕走強敵，也是這份真心使然。兄弟鬩於

---

36 大伴家持（Otomo no Yakamochi，約 715–785）所作長歌《賀陸奧國出金詔書歌》中的一節，該長歌收於《萬葉集》卷十八，通排第 4094 首，此處採用錢稻孫漢譯，見錢稻孫譯《漢譯萬葉集選》，日本學術振興會刊，1959 年，155 頁。公元 745 年聖武天皇始造東大寺佛像，正為缺乏金銅而發愁時，傳來在陸奧國（今青森、岩手兩縣各一部）發現金礦的消息，聖武天皇大喜，詔書全國，感謝祖先之惠，犒勞群臣百姓，亦對大伴、佐伯兩家近臣的忠勇予以表彰，稱讚兩家輔弼皇室「將赴於海，沉屍無悔，將赴於山，屍骨生苔，死惟君側，義無遲回」—— 實際是要求繼續如此效忠；大伴家持得此詔後非常感動，以長歌作答，並以詔書原句來表達自己的忠誠。在第二次世界大戰中，「將赴於海，沉屍無悔，將赴於山，屍骨生苔，死惟君側，義無遲回」，成為日本著名軍歌《將赴於海》（海ゆかば，1937 年 11 月 22 日首播）的歌詞而廣為傳唱。

37 日本江戶時代後期政治家、學者藤田東湖（Fujita Toko，1806–1855）《和文天祥正氣歌》首句，由於該詩表達了「死為忠義鬼，極天護皇基」的「尊皇攘夷」思想，從幕末經明治、大正，一直傳誦到昭和時代前半期，即二戰結束前。1943 年（昭和十八年）10 月 21 日，時任首相的東條英機在明治神宮外苑做《學徒（學生）出陣壯行會之訓示》時，亦在開頭引用「天地正大氣，粹然鍾神州」。

38 日本江戶時代國學家本居宣長（Motoori Norinaga，1730–1801）六十一歲時所作歌句：「若問敷島大和心，朝日映射山櫻花」（敷島の大和心を人とわば、朝日に匂ふ山桜花）。歌中出現的「敷島」（日本的別稱之一）、「大和」、「朝日」、「山櫻」四個詞，分別成為太平洋戰爭中首批神風特攻隊隊名。

39 指 1277 年和 1284 年兩次發生在日本九州北部的元日戰爭，日本稱之為「蒙古來襲」或「元寇來襲」，亦以年號命名，即所謂「文永之役」和「弘安之役」。兩役以元軍失敗而告終。

牆，而一旦有外敵便一致對外，這種精神，這種保護皇室、維持皇土的精神，總是每遇困難便忽然呈現出來。據說李鴻章看到政府和議會鬧矛盾，便以為有機可乘，發動了日清戰爭，**40** 但正所謂「以己度人」，他是太不了解日本人的性質了。事到如今，再怎麼去查維新史，也都不能不說事已遲矣。

這種真心，即對皇室的忠的觀念，到了武家時代 **41**，轉而成為主從關係的鎖鏈，即成為武士道精神的神髓。以真心盡事主君，也就是盡忠而不惜身家性命，隨時準備戰死於馬前，是家臣所應做好的精神準備。賴朝曾受到了和尚重源的不可稱「君」的諫誡，**42** 但到了德川時代，諸侯對將軍稱臣，而諸侯的家臣則稱陪臣，孔孟之道常被用來勸導主從關係。君臣關係在日本，本來除了皇室與國民的關係之外並無其他關係，故「忠臣不事二主」之語在日本當然也就並不通用，但在君臣關係轉變為主從關係後，

40 即中日甲午戰爭（1894–1895），此稱李鴻章「發動」不符合史實，事實上所謂「日清戰爭」是日本的一次有預謀的行動，是日軍在朝鮮平壤打響了第一槍。

41 武家時代，指從鐮倉時代（1185–1333）到江戶時代（1603–1867）末期六百八十多年間武士掌握政權的時代。

42 賴朝即源賴朝（Miyamoto no Yoritomo，1147–1199），日本平安時代末期到鐮倉時代初期的政治家，奉仁王之旨，舉兵討伐平氏，經過反覆征戰，固東國於鐮倉，開啟幕府，最後消滅平氏，稱右近衛大將軍，1192 年稱征夷大將軍。作為鐮倉幕府的初代將軍（1192–1199），源賴朝開創了直到明治維新「大政奉還」為止的此後長達六百八十多年的武家政治時代。重源（Chogen，1121–1206），日本鐮倉時代初期淨土宗僧侶，字俊乘坊，號南無阿彌陀佛，曾師從日本淨土鼻祖法然（Honen，1133–1212），亦訪問過宋朝，回國後向後白河天皇的使者進言重修焚於大火的奈良東大寺，六十一歲時就任東大寺勸進職，在主持修復該寺期間，成功地從天皇、公卿和源賴朝將軍處募集到捐款，完成修復。

這句話就開始變得適用了。

由武士道發揚出來的忠義，雖已見於《今昔物語》[43]，但還是在保元、平治以來的軍記物語中最為常見。還有《義經記》[44] 裏的辨慶、嗣信、忠信等等。在把軍記物語戲曲化了的謠曲[45] 中，在《缽之木》《藤榮》《鳥追船》《弱法師》《土車》《安宅》[46] 等曲目裏也都有節臣戲。在極端的場合，還有以大義滅親之心，殺掉自己的孩子來做主君替身的。這種故事在謠曲《仲光》和《七落騎》的實平身上都有體現。德川時代的戲曲繼承了這種思想，如《手習鑑》裏松王丸的苦忠乃是其中的一例。而在《本朝二十四孝》《大塔宮曦鎧》《平假名盛衰記》以及其他小說戲曲中，這種例子更是不勝枚舉。為主君忍辱負重，最終復仇。謠曲《望月》[47]，古

---

43 通稱《今昔物語集》，係日本最大的古代故事集，成書於 12 世紀上半葉，編者不詳，全三十一卷中現存二十八卷，天竺（印度）五卷，震旦（中國）五卷，其餘二十一卷為日本故事，總共有一千多條，反映了古代社會各階層的生活。

44《義經記》，以源義經及其主從人物為主人公的軍記物語，成書於日本南北朝時代到室町時代初期（公元 14 世紀 30 年代到 15 世紀上半葉），對後來的能、歌舞伎和人形淨琉璃等文學樣式產生了深遠影響。

45 謠曲，係能樂中的唱詞，也叫「能謠」。參見本書第 71 頁譯註 39「狂言」和第 145 頁譯註 11「能樂」。

46《缽之木》《藤榮》《鳥追船》《弱法師》《土車》《安宅》皆為能曲作品名。

47 謠曲《望月》，主人公小澤刑部友房替主公安田友志向望月秋長復仇，讓安田妻子獻藝，自己舞獅子，最後終於殺了望月秋長。

時就成了淨琉璃 **48** 和小說的材料，到了德川時代，報仇雪恨更成為「公許」── 即獲得官方的認可。其中最著名的是赤穗四十七士 **49**。在泉岳寺墓地 **50**，至今仍香火不斷。《忠臣藏》的戲總是大受歡迎，看客爆滿。

早些時候來日本的西洋人聽到這故事無不感到震驚，《假名手本忠臣藏》**51** 也被譯成了英語、法語和德語。除此之外，關於義士的書籍也很多。提起四十七浪人，家喻戶曉，盡人皆知。友人藤代禎輔在拜訪威爾甸布魯佛時，**52** 聽到這位作家說打算用四十七士作材料來寫劇本。武士道提供了如此壯美的悲劇材料，歸其本意，還是一份真心。

武士道雖然只是士人之操守，並不律及町人 **53** 以下，但其精

48　淨琉璃（jyoruri），是一種由三絃琴（三味線）伴奏的故事說唱樂，始於室町時代末期，起初無伴奏，只以扇子等打節拍，進入江戶時代之前，伴奏樂器固定為三絃琴，同時又與人偶劇結合，後來又與歌舞伎結合，遂作為江戶時代大眾娛樂形式之一廣為流行。

49　亦稱「赤穗四十七義士」。日本元祿十五年十二月十四日（1703 年 1 月 30 日）深夜，來自赤穗藩的大石良雄等四十七名武士為替主君淺野長矩復仇，襲擊了吉良義央的府邸，殺了吉良義央全家，事後被命令切腹自殺。該事件給後世留下了很大影響，其故事廣為傳承於淨琉璃和歌舞伎當中，統稱為《忠臣藏》。

50　泉岳寺位於今東京都港區高輪二丁目，由德川家康始建於 1612 年，以寺境內赤穗義士墓地和赤穗義士紀念館著稱。

51　以赤穗四十七義士為題材的人形淨琉璃和歌舞伎的代表曲目，於 1748 年首次公演。

52　藤代禎輔（Fujishiro Teisuke，1868–1927），德國文學研究者，京都帝國大學教授，1900 年與夏目漱石、芳賀矢一同乘船出發赴德國留學。與德國學者合作將《萬葉集》譯成德語，未竟而終。德國人「威爾甸布魯佛」不詳。

53　町人係日本近世社會階層之一，指居住在城市的商人和工匠，用以區別於武士和農民。在所謂「士農工商」的序列中處於下位。

神已不分武士，不分町人，不分男女而遍及一般國民。「奉公」一詞本來只用於對待朝廷，但後來也用在使喚人身上了，把他們叫作「奉公人」。在町人百姓之間流傳着各種俠義的故事，從小說、淨琉璃到講談 [54] 和落語 [55] 都有體現。俠客就代表着町人中間的武士道。即便是在賭博遊食之徒當中，亦保持着對幫主幫頭的犧牲精神。倘追本溯源，正是君臣關係被移植為主從關係的結果。不過就主從關係而論，其關係到底還是不抵君臣關係的那種程度。因為原本是把君臣關係移借到主從關係中來，所以一般國民並不像對待皇室那樣，把公卿、侯爺當作別一種人來看待，也不認為他們與神同格，服從他們是因為他們擁有權力或有恩於自己。因此馳騁在尊氏麾下的武人，到後來就都不是安分守己之輩，致使爭亂紛紜不絕。「下剋上」之事層出不窮，將軍被其「管領」細川壓服，細川被其家臣三好壓服，而三好又被其家臣松永壓服，就這

---

54 講談（kodan），日本說書藝術之一，說者席坐，前置小桌，不時以扇子叩擊，以琅琅上口的節奏，講述軍記、復仇、勇武傳、俠客傳或時事話題等，據說起源於江戶時代的元祿年間（1688–1704）的《讀太平記》，又叫「講釋」。

55 落語（rakugo），日本說話演藝之一，類似於中國的單口相聲，起源於江戶時代初期，後逐漸以東京和大阪兩大城市為中心興盛起來，至今不衰。

樣，松永最後又殺了將軍。⁵⁶ 因為原本同類相屬，所以遇有時機便會產生取而代之的想法。

　　即使是在戰國時代，毛利元就也要奉納即位金，⁵⁷ 織田信長亦躬身勤王，⁵⁸ 兩氏之大興，其因即在納金勤王之舉。其結果雖有了

56 「將軍」指足利氏將軍，從公元 1336 年至 1573 年的二百四十多年間共有十五代，因將軍官邸設在室町，又稱室町幕府，其實施武人政治的統治期叫作室町時代。「管領」是室町幕府僅次於將軍的職務，由細川氏和另外兩家輪流擔任，後來細川一族逐漸坐大，到了細川政元（Hosokawa Masamoto，1466–1507）做管領時控制實權，可以決定將軍的立廢。三好氏一族自三好之長（Miyoshi Yukinaga，1458–1520）起成為細川管領的重臣，以智勇雙全、能征善戰著稱，到了三好長慶（Miyoshi Nagayoshi，1522–1564）一代，不僅架空了主君細川氏，還把將軍變成傀儡。松永即松永久秀（Mastunaga Hisahide，約 1510–1577），公元 15 世紀中葉至 16 世紀中葉日本戰國時代的武將，初臣仕於大名三好長慶，後來勢壓主人，在三好長慶死後又聯合三好一族殺掉足利幕府的第十三代將軍足利義輝（Ashikaga Yoshiteru，1536–1565）。

57 毛利元就（Mouri Motonari，1497–1571），日本室町時代後期到戰國時代的武將、大名，善用計謀，有「謀神」之稱。「奉納即位金」指毛利元就向第一百零六代天皇 —— 正親町天皇獻金，促成其即位，以此加強與皇室的紐帶之事。

58 織田信長（Oda Nobunaga，1534–1582），日本戰國、安土時代的武將、大名，在戰亂時代擴張為全國最大的勢力，構築了下一個時代全國統一的政治基礎。文中「勤王」指永祿十一年（1568）織田信長率部進入京都後，恢復被武士佔據的皇室領地，即所謂「御料所」的舉措 —— 明治以後此事作為織田的「勤王（皇）」事跡被大加弘揚。

豐太閣統一[59]和德川將軍的幕府[60]，但看德川幕府以譜代、親藩、外樣[61]之別，如何煞費苦心地去施治，也就可以明白主從關係並不像君臣關係那麼可行。因此當尊王倒幕之論興起的同時，哪怕是那德川也會說倒就倒。皆因為表面稱呼的臣或陪臣之類，實際上都是假借之物的緣故。

武家之世，即使是公卿天下，國民也並沒忘記其之上還另有天子。朝廷通常是名譽榮爵的本源。賴朝和實朝[62]皆為右府，實朝以此為榮，在鶴岡舉行拜賀之禮時被殺。德川將軍以下掌管各國的大名和城主等均按各自的門戶等級承襲朝廷爵位，稱之為「細川越中守」「酒井雅樂頭」「戶田采女正」等等。此等官職，只

---

59 豐太閣，即豐臣秀吉（Toyotomi Hideyoshi，1537–1598），日本戰國、安土時代的武將、大名，繼織田信長之後最終完成全國統一。1583 年修築大阪城，1585 年位至關白（攝政），翌年賜姓「豐臣」並任太政大臣，1591 年將關白讓於養子豐臣秀次，自稱「太閣」。統一後的舉措以統一丈量土地並登記的「太閣檢地」和解除農民武裝的「刀守」最為有名。又曾兩次出兵入侵朝鮮半島，即所謂「文祿之役」（1592）和「慶長之役」（1597），結果均告失敗。

60 德川幕府，由德川家康（Tokugawa Ieyasu，1542–1616）1603 年在江戶始設，故也稱江戶幕府，到 1867 年德川慶喜（Tokugawa Yoshinobu，1837–1913）「大政奉還」，共有十五代將軍執政，歷時二百六十五年。

61 三者都是江戶時代大名的名分，「譜代」主要指「關原之戰」前與德川具有隸屬關係的大名，「親藩」係德川男系子孫充當藩主的大名，「外樣」則指「關原之戰」以後與德川有隸屬關係的大名。1600 年 10 月 21 日的「關原之戰」，是德川幕府實現統一的關鍵一戰。

62 實朝，即源實朝（Minamoto no Sanetomo，1192–1219），源賴朝之子，鎌倉幕府第三代將軍，1218 年 12 月，以武士之身晉升右大臣，翌年 1 月 27 日為慶賀晉升參拜鶴岡八幡宮時，被其姪子公曉所劈殺，享年二十七歲。又，源實朝作為歌人也很有名，有家集《金槐和歌集》，收歌七百餘首。

圖虛名，正像將軍家嗣承征伐東夷時代的「征夷大將軍」之名一樣。大名的家臣也以官名通稱，叫「玄蕃」「主馬」「采女」的，大抵都屬重臣之列。叫某右衛門、某兵衛的，都是受兵衛府的影響，而今除了山本大將 [63]，在町人和百姓（農民）之外幾乎已經見不到這名字了。但某之丞、某之助、某之公、某介還是仰俯皆是。由此可知我國國民是何等尊奉朝廷，又何等看重官職。雖是幕府時代，國民卻並沒忘記皇室。每年過女兒節時，連小姑娘都知道唱「人偶人偶着盛裝，人偶天皇御宇長」。[64]

關於忠的解釋，雖曾一度被用於闡釋主從關係，但隨着明治維新的到來，對於忠的解釋再次像過去一樣，僅僅限定為忠於皇室。不，明治維新本身就是將這種解釋限定於皇室才打倒的德川幕府。維新以後，士農工商，四民平等，一般國民皆可去服兵役了；陪臣、陪陪臣制度也都被廢止，大家皆為天朝直系之臣。長期以來武家養成的武士道精神，如今也只對天朝盡忠。由武士而渡及町人，又反映在小説、淨琉璃等平民文學裏的國民思想，終於找到了一次機會，即以犧牲精神，為國家拋頭灑血。當初在日

---

63 山本大將即山本權兵衛（Yamamoto Gonbe，1852–1933），日本海軍軍人、政治家。他出生於鹿兒島的武士家庭，後學海軍，是日本近代「海權」的提倡者，甲午戰爭期間任海軍省大臣次官，自 1898 年起連任三屆內閣的海軍大臣，歷時八年，並在此期間經歷了日俄戰爭，後從政就任日本第十六、二十二屆總理大臣。

64 此為江戶時代著名俳人松尾芭蕉（Matsuo Basho，1644–1694）所作俳句。日本每年農曆三月三日為女孩兒過女兒節，日文作「雛祭」（hinamatsuri），家中裝飾取型於天皇和皇后的人偶——叫「內裏雛人形」（dairibina ningyou），故松尾芭蕉原句為「內裏雛人形天皇の御宇とかや」。

俄戰爭中，西洋人對日本兵為何強悍感到不可思議，有的說是因為吃米，有的說是因為喝水，還有的說是因為日本兵把梅乾放進飯裏做成國旗的形狀來吃，如此每天以國旗為餐，鼓舞了士氣的緣故。僅僅憑藉這些物質上的因素，當然不會造就強兵。強兵只來自於自古就有的對皇室之真心的表彰，而不是其他。正是這種真心之精神，才成就了萬世一系的國體，才使日本成為東洋惟一的強大之邦。

自古以來，我國多有得益於支那文化之處，從律令制度到一般風俗習慣，有不少都是從支那引進的，不過讀二十一史也好，讀二十二史也好，就是禪讓和討伐這兩樣沒跟支那學。

在柏林凱旋路的一端，聳立着高幾十丈的凱旋塔，上面有金光燦爛的日耳曼尼亞（Germania）女神像。這是個空想出來的人物，特用以代表德意志國家。英國也有同樣空想出來的人物，叫「大不列顛」（Britannica），法國的則叫「高盧」（Gaule）。在政體多變、王室屢更的外國，為發思古之幽情，培養國家觀念，便有必要自上而下推出這類人物。惟我日本，國土與皇室自神話以來業已膠不可移，為國與為君可解釋為相同的意義。「朕即國家」[65]用於我國的天皇才是合適的說法。我在德國滯留期間，正趕上普魯士建國兩百週年。當時的柏林燈火輝煌，成了一座不夜城，但凱旋塔上卻見不到半點兒燈火，只因凱旋塔是德意志帝國的代

65「朕即國家」，法國波旁王朝君主路易十四（1643–1715 年在位）語。

表，其非專屬普魯士一國。巴伐利亞王國 **66** 和薩克森王國 **67**，作為王國也都跟普魯士擁有同等地位，只是普魯士作為霸者統一了德意志全國，繼承了德意志帝位罷了。以前，新井白石試圖讓德川將軍對朝鮮稱王，**68** 遭到了許多學者的非難。王之稱號姑且不問，白石的見識是有過人之處的。

---

66 巴伐利亞王國（德語：Königreich Bayern），自 1805 年至 1918 年存在於德意志境內的獨立王國。

67 薩克森王國（德語：Königreich Sachsen），自 1806 年至 1918 年存在於德意志境內的獨立王國。

68 新井白石（Arai Hakuseki，1657–1725），日本江戶時代中期儒學者、政治家，其學廣涉朱子學、歷史學、地理學、語言學和文學，德川家宣時代任幕府儒官，參與和主導了變更朝鮮通信使待遇、貨幣制度以及與國外貿易等方面的改革，著作有《新井白石日記》《藩翰譜》《讀史餘論》《採覽異言》《西洋紀聞》《古通史》《同文通考》《東雅》《折焚柴記》等。「試圖讓德川將軍對朝鮮稱王」，指正德元年（1711）第八次朝鮮通信使的接待問題，當時的日本政府迫於財政壓力，在新井白石主導下將接待經費由一百萬兩壓縮至六十萬兩，同時在外交文本中把對德川將軍的稱呼由「日本國大君」改稱「日本國王」，稱「王」有提升德川將軍霸主地位的用意，也符合德川將軍當時為事實上日本君主的實際 —— 此即本書作者所稱讚的新井白石的過人之處。但新井白石的這兩項舉措不僅導致了外交摩擦，也導致了稱「王」是否合適的論爭，當享寶四年（1719）朝鮮通信使第九次到來時，對德川將軍的稱呼又由「王」改回到以前的「大君」。

二 ｜ 崇祖先，尊家名

由社會學來看，我國上代國家便是所謂神祇政治（Theokratie），也就是說，呈現祭政一致的情態，如前所述，治者為神祇，既是「上」也是「神」，都叫作"kami"。政事即祭祀，相等於祭事。而從另一方面來看，又是宗族政治（Patriarchie），宗家支配分家。公即「大家」（Oyake）。這種狀況並非我國才有，猶太從前也實行這種制度，而在其他原始社會也有無數類似的例子。不過，能從上代一直保持到現在，保持到實行立憲政治的今天卻是極為罕見的，可以說是成立於社會進化論之上的一個特殊的例子。聖德太子吸收支那文明，採納印度教義，以神儒佛合體治國，其方針帶來了直至今日的變遷。而有趣的是，與上代政體相伴隨的對「上」、對「神」、對「公」的尊崇之心和敬虔之心，也就是赤誠之心，卻至今毫無所失，並以此在不發生任何爭亂和軋轢的情況下，導入了西洋的民主主義，實現了立憲政體。憑藉如此古已有之的國體而能昂首闊步於今日世界之林，正是我國國民的強勢所在。

那麼毋庸贅言，構成這種神祇政治、宗族政治之根本的正是祖先崇拜。倘若沒有對祖先功業的尊崇之念、敬畏之念和仰慕之念，便根本不會有這樣的政體。神話當中的諸神，一方面代表着自然現象，另一方面又與祖先當中建立豐功偉績的人相應相合。天照大神為日神，月讀神為月神，素盞鳴神恐怕是風暴之神，但在我民族中，他們同時又無疑被看作是傑出的值得尊敬的先人。思兼神、手力雄命、天鈿女命、猿田彥神等也都可被認為是這方面的先人。祭奠這些祖先，為他們做祭祀，也就是崇奉共同祖

先，以實現政治上的團結一致，這就是神祇政治、宗族政治的政體。天照大神賜八咫鏡於天孫，讓他視之如仰視自己，即是明白無誤的祖先崇拜。也就是說，能夠得傳三種神器[1]的人，便是祖先正統的政治元首，不僅是所謂的「上」或「神」，即 "kami"，也是所謂的「公」。正因如此，三種神器在繼承皇位時就變得至關重要。在壽永之役[2]中，它們成為重大問題，在南北朝時代也因其真偽而成為重大問題。[3]北町親房卿正是為此才撰寫《神皇正統記》。[4]置而言之，從我國國體而言，是無論如何不能忘記祖先崇拜的。支那人也崇拜祖先，但在支那等爆發革命的國度，祖先崇拜與國家結合不具有任何意義。羅馬、希臘也曾崇拜祖先，如今卻不留形跡。日本自古以來的神祇政治、宗族政治之政體因連綿不斷而傳承至今，故貴祖廟而祭祖先，從古至今便始終與政治保

---

1 指日本神話中天孫降臨時得到的天照大神所授鏡（八咫鏡）、劍（天叢雲劍）、玉（八尺瓊勾玉），此三件寶物為歷代天皇所繼承。

2 壽永之役，通常稱「承治·壽永之亂」，指發生在承治四年（1180）到元曆二年（1185）的內亂：後白河天皇的皇子以仁王（Mochihitoo，1151–1180）因不滿以平清盛為首的平氏政權擁立安德天皇即位，起兵倒平，開啟持續六年的全國性內亂，最後平氏勢力倒於源賴朝，後者開啟了鐮倉時代。「壽永」為安德天皇的年號，只持續三年（別於院君後白河天皇的「承治」）；平氏失勢，攜安德天皇和三種神器從京都西逃，最後兵敗於海邊，武士投海，安德天皇和三種神器亦「入水」，據說除寶劍外，其餘兩樣失而復得。

3 「南北朝」是指兩個天皇並立的時代（1336–1392），足利尊氏因不滿後醍醐天皇的新政，在京都擁立光明天皇，建立「北朝」，開啟室町時代，後醍醐天皇則南行在奈良吉野建立「南朝」，為強調自己的正統性，後者聲稱自己交給北朝的「神器」是贗品。

4 北町親房（Kitabatake Chikafusa，1293–1354），日本南北朝時代公卿，其《神皇正統記》強調南朝的正統性，主張君主除血統外，還應具備君德和擁有三種神器。

持着不可分割的關係。神武天皇在即位儀式上，在鳥見山造「神籬」祭祖也正是為此。⁵至今每年一月四日之御政初，有「先奏伊勢神宮之事」⁶，這是早在大寶令⁷時代便定下的規矩。將其單純看作自古以來的習慣是不對的，因其至今仍具有國家意義。當詔令宣戰或媾和之際，告於大廟，也正是出於此等意義。東鄉大將凱旋參詣大廟，⁸伊藤統監赴任韓國前亦往參宮，⁹也都出於這一理由。宮中有賢所¹⁰，供奔赴海外之人或歸朝之人等拜謁和參拜，都具有如此政體上的意義。正因為如此，人們自古就説「日本者，

5　神武天皇係日本第一代天皇，一般認為是個神話人物，《古事記》和《日本書紀》有神武四年登鳥見山祭祀皇祖天神，以詔平定天下，海內無事的記載。鳥見山位於奈良縣榛原町北部，海拔高度 734.6 米。

6　參見本頁譯註 7「《大寶律令》」。伊勢神宮，有伊勢大廟、大（太）神宮等多種稱呼，係位於日本三重縣伊勢市的皇室宗廟，正式稱呼為神宮，是祭祀天照大神的皇大神宮（內宮）和祭祀豐受大神的豐受大神宮（外宮）的總稱，處在凌駕於全國所有神社之上的位置。

7　大寶令也叫《大寶律令》，公元 8 世紀初日本仿唐代《永徽律令》制定的史上第一個律令。

8　東鄉大將即東鄉平八郎（Togo Hehachiro，1848–1934），薩摩武士出身，日本海軍大將，1871 至 1878 年作為海軍軍官留學英國，甲午戰爭中任日艦「浪速」艦長，日俄戰爭中任第一艦隊兼聯合艦隊司令長官，指揮了旅順港封港作戰和黃海海戰。「大廟」指伊勢神宮。

9　伊藤統監即伊藤博文（Ito Hirofumi，1841–1909），日本明治時代政治家，先後就任第一、五、七、十屆內閣總理大臣，1905 年 11 月《日韓第二次協約》簽訂後（日本事實上「併和朝鮮」），就任第一任韓國統監府統監，1909 年 10 月 26 日被大韓帝國（大韓帝國 1897 年 10 月至 1910 年 8 月間李氏朝鮮所使用的國號）的民族主義者安重根刺殺於哈爾濱車站站台。「參宮」指赴任前參拜伊勢神宮。

10　賢所（kashikodokoro），又稱威所、尊所、恐所、畏所，指天皇所居宮中祭祀八咫鏡的場所，係所謂「宮中三殿之一」，另二殿為皇靈殿和神殿。

神國也」**11**。這裏所謂的「神」，並不是指後來發展為各派的神道。這是完全脫離了宗教的問題，與作為信仰問題的宗教自由沒有任何關係。只要出生在日本國土，身為日本臣民，便都以對神、對公之赤誠之心來敬重祖先之靈。這是自古以來就與國體相伴隨的。

不僅朝廷崇敬大廟，此事也深深浸透於民間。哪怕是一個農民，不論他耕種於怎樣的窮鄉僻壤，也常常會想到今生今世一定要參拜一次太神宮**12**。就拿「擅自參拜」**13**來說，哪怕是近乎身無分文的旅行，往參者卻也還是絡繹不絕地上路。各鄉各村的神明之社，也是基於御靈分祭**14**的考慮。伊勢大廟，全國每家必祭，不論怎樣篤信佛教之家，也把伊勢視為別物，並不與其信仰發生衝突。有佛壇的家庭亦有神龕，佛壇當中也擺放着祖先的牌位。這不應視為施行神佛不分之教的結果。正像不論怎樣熱心於佛的人也不會喪失對皇室的忠義之心一樣，人們對太神宮也不會失去崇敬之念。親房卿是個佛教信徒，但他說「日本者，神國也」。在以宣揚佛教為主的謠曲中，也反覆強調「日本者，神國也」。「本

---

11 語出《神皇正統記》的首句。

12 太神宮即伊勢神宮。

13 「擅自參拜」，原文「拔參」，指江戶時代流行的不經父母或丈夫許可，甘願受罰而擅自去參拜伊勢神宮的行為。

14 御靈分祭，即日本神道教用語當中所謂「分靈」（分靈，bunrei；分け御靈，wakemitama），指把本社的祭神放在其他場所祭祀時的神靈分出。在神道教看來，神靈可無限制地「分靈」，而且不論怎樣分靈都不會影響到原來的神靈。分出去的「分靈」與本社神靈具有同樣的作用。

地垂跡」[15] 的説法，是佛教傳播者洞察我國國體所創之説，非如此佛教在日本就很難行得通。儘管佛教以迅猛之勢席捲了日本，卻並沒壓服我國的國民性。其不得已而採取調和之策。正像佛教在支那鼓吹過關於孔子、老子的垂跡説，同樣的筆法也運用於我國，附會為我國的諸神。淨土真宗主張源於他力的信心，一方面鼓吹未來的極樂往生，一方面又不斷教誨遵守王法，如此投合我國國民性之所好，是真宗在今天興旺發達的原因之一。「佛九善，王十善」，是我國國民堅信不移的金科玉律。然而新近輸入的基督教卻在這一點上與國民經常發生衝突。[16] 信奉基督教的人不設神龕，聲稱除了上帝之外不會向任何人低頭，他們拒絕禮拜聖上之御像，也不願參拜太神宮。我以為這是出於把我國的宗廟混同於宗教的誤解，不了解我國國體的緣故。不論是誰都沒有不向他的雙親低頭的道理。

　　除太神宮之外，我國還有許多官國幣社，有特殊官國幣社，還有縣社、鄉社、村社，它們皆出於同樣的尊崇祖先之主義，所祭祀的又很多都是祖先當中的功臣。在官國幣社裏，也有一些上代事跡並不了然的神，不過總歸都是對祖宗事業多有輔弼的人。在特殊官幣社裏所祭祀的都是我國歷史上的功臣，例如湊川神社

15「本地垂跡」是佛教在日本傳播之初產生的神佛相合的思想之一，認為日本的八百萬神都是佛家顯現於各地的種種化身。

16 泛指以 1891 年 1 月內村鑑三（Uchimura Kanzo，1861–1930）的「不敬事件」（拒絕禮拜《教育敕語》）為代表的基督教博愛主義與國家主義的一系列衝突。在 1904 年至 1905 年的日俄戰爭中，以內村鑑三為代表的日本基督教主義者採取了反戰立場。

的楠正成 [17]、藤島神社的新田義貞 [18]、豐國神社的豐太閣 [19]、建勳神社的織田信長 [20]、東照宮的德川家康 [21]、梨木神社的三條實萬 [22] 都是這一類人物。明治以後，台灣有了北白川宮的台灣神社，又有了像靖國神社那樣的把義勇奉公而捐軀的人們祭祀在一處的場所。[23] 到了縣社、鄉社，祭祀的或是舊藩祖先，或是開闢其地之

17 楠正成亦寫作楠木正成（Kusunoki Masashige，1294–1336），日本鎌倉時代末期到南北朝時代的武將，因支持建武中興深得後醍醐天皇信賴，足利尊氏反叛後，在奈良吉野擁立後醍醐天皇的「南朝」，1336年在湊川兵敗於足利軍而身亡。明治維新以後被稱為「大楠公」，明治十三年（1880）被追贈「正一位」。湊川神社位於神戶市中央區之明治五年（1872）建立。

18 新田義貞（Nitta Yoshisada，1301–1338），日本鎌倉時代末期到南北朝時代的武將，擁立後醍醐天皇，與足利尊氏反覆征戰，最後戰死在藤島。明治十五年（1882）被追贈「正一位」。藤島神社位於福井縣福井市，明治三年（1870）建立。

19 豐太閣見本書第54頁譯註59「豐太閣」，豐國神社即祭祀豐臣秀吉的神社，全國有多處。

20 織田信長見本書第53頁譯註58「織田信長」，建勳神社位於京都市北區船岡山，明治十三年（1880）竣工。

21 德川家康參見本書第54頁譯註60「德川幕府」，東照宮為祭祀德川家康的神社，有九能山（位於靜岡縣靜岡市）和日光（櫪木縣日光市）兩處。

22 三條實萬（Sanjyo Sanetsumu，1802–1859），江戶末期公卿，因斡旋於天皇與將軍之間，伸張皇權，深得光格、仁孝、孝明三代天皇的信任，也因此遭受德川幕府的嫉恨。梨木神社位於京都市上京區，建於明治十八年（1885）。

23 靖國神社（Yasukunijinjya）係位於東京都千代田區九段北的神社。創建於1869年，當初稱「東京招魂社」，1879年改稱「靖國神社」。主要祭祀幕末明治以來戰歿軍人和隨軍人員。創建之後，人事先後由軍務和內務機構管轄，祭祀則由陸軍省和海軍省統管，實際上是國家神社。1946年脫離日本政府管轄，由東京都知事根據《宗教法人法》認證為單立宗教法人至今。因靖國神社內供奉著第二次世界大戰戰犯的靈位，自上個世紀70年代以來不斷引起中日、韓日之間的外交問題 —— 當然，這是後話。在作者芳賀矢一寫書的年代還不存在這些問題。

人，尤其是那些在當地留下了豐功偉績的人們。還有其他一些神社，祭祀着大社的分靈。總而言之，神社都是祭祀祖先當中有功之人的場所，對其表示尊重是理所當然的舉措。外來宗教的信者似乎不喜歡神社以及對神社表敬，但這跟認可東鄉大將的偉勳並向他敬禮並不是兩碼事。在西洋到處都有功臣的石像、銅像之類，作為受到尊敬的對象而矗立，構成都市的一景。在德國的大小城市，威廉大帝和俾斯麥的塑像幾乎無處不在，而每逢其人忌日，便總有人獻上花環，以表敬意。這是人的自然之情，我國的神社也即是與此相同之物，只是差在彼立塑像而我祭神社而已。然而只對銅像表示敬意而不去參拜神社是自相矛盾的。不論是誰都沒有理由說為親戚故舊掃墓、參拜功臣的神社是缺乏見識並且有違自己的信仰。也就是說，誤解是來自拘泥於神這一言詞而將其混同於宗教。在我國憲法當中，堂堂正正地允許宗教自由。儘管如此，不論是怎樣的宗教，國民總要參拜先賢所在，而一旦為國事捐軀，也會被合祀於靖國神社。這是神社與宗教無關的證據。日俄戰爭之際，御用船 [24] 的外國船長也被供祭在靖國神社。在那裏祭他是因為他殉職於我國事，而並非要把信仰耶穌教的人強行帶往高天原 [25] 去。因為是出於崇拜祖先才有對神社的崇敬，所以至今在孩子出生三十天或三十一天後，還總要去參拜神社，

---

24 御用船指戰時政府或軍隊徵用的用於軍事目的的民用船。

25 高天原係《古事記》中所記天津神居住的地方，眾神不斷在那裏誕生，天照大神出生後，遵命治理高天原。

叫作「御宮參」。町町有神祇，村村有鎮守之社。人死入葬時委託給寺裏的和尚，但每逢喜慶都要把神酒獻給神祇。町內在節祭時，都要關店，年輕人敲着大鼓，扛着御輿，四處遊行，小孩子們也跟着跑前跑後，歡呼雀躍。據說今年又是好收成，鎮守之社在祭禮時出了山車，演了社戲。這就是說要和祖先共享幸福，並將這幸運奉告給祖先。

村有村祭，鄉有鄉祭，其中最大的祭就是帝國的太神宮之祭。每年的神宮之祭，其精神上與一村一鄉的豐年祭並無差別。除此之外，還有兩大祭日，即春秋二季的皇靈祭，也即對祖先之祭。有所謂「氏神」[26]，但今天已和過去不同，因都市盛行轉居搬遷，所以已不是「產土神」[27]，而是町內住民之神，但在本地人多的地方，祭拜的還是先祖代代前往拜祭的產土神，倘祖孫三代歷來皆往宮參，並在那祭禮的遊興中長大，那麼我以為，其產土神便真的會成為愛鄉心的基礎了。

過去的所謂氏神，正如其名所示，乃同族中的祖先之神、宗家之神。藤原氏的氏祖神是春日神社，在藤原氏鼎盛時期，是

---

26 氏神（Ujigami），指宗族神靈或當地的鎮守神。

27 產土神（Ubusunagami），指當地的土地神，近世以來幾乎與氏神同義。

其一族尊敬的中心。[28] 竹田氏有竹田神社，[29] 橘氏有梅之宮，[30] 諸如此類，都是各氏的氏神。我皇室乃國家之中心，與宗家同樣，在各自的家系裏尊崇本家的祖先和長者，服從他們，惟他們之命是聽，是我國社會的組織形式，有人說我國的社會單位是家庭，即源於此。在藤原氏時代，其氏族長者即關白，[31]《大鏡》等書中的攝關爭，[32] 也就是長者之爭而不是其他。保元之亂亦起因於賴長的關白爭。[33] 德川氏的歷代將軍皆稱「淳和獎學兩院別當源氏長者」。

　　既然注重家系，那麼家中也就必有傳家之寶。武家平氏有小

28 藤原氏（Fujiwara shi），日本古代到近世的貴族姓氏，春日神社現稱春日大社，位於奈良縣奈良市奈良公園內，藤原家族自公元 710 年遷都平城京起祭祀其祖神 —— 奈良時代初期的公卿藤原不比等（Fujiwara no Fuhito，659–720）。

29 竹田神社位於奈良縣橿原市，史書記載早在仁德天皇（公元 4 世紀前半期）時代之前，「竹田川邊連」就在該社祭祀其家族氏神「火明命」。

30 橘氏（Tachibana shi），日本古代有名氏族，其先祖「縣犬養宿禰三千代」因為女皇元明天皇「命婦」而獲賜姓橘宿禰，後改姓橘；梅之宮即梅宮神社，亦稱梅宮大社，位於京都市右京區，祭祀橘氏一門之氏神。

31 關白，語出《漢書‧霍光傳》「諸事皆先關白光，然後奏御天子」，因通過權臣上奏天子，故實為權臣參與天子執政。日本宮廷自 9 世紀 80 年代光孝天皇開始實施關白政治，奏文在天皇御覽前先由重臣藤原氏過目。由於「關白」非律令所定官職，亦稱令外官。

32《大鏡》係歷史物語，有二卷、六卷、八卷不同版本。作者不詳，大約成書於公元 11 至 12 世紀之間，以兩位老者對話一人旁評的形式記錄了從文德天皇到後一條天皇的一百七十六年間的歷史。所謂「攝關爭」，攝指攝政，意謂天皇幼小時代天皇執政；關即關白，意謂天皇成人後參與天皇執政；攝關政治自 9 世紀 80 年代起實施了兩百年左右，不僅大權獨攬的藤原氏與皇室有爭，各自亦經常發生內部衝突。

33 指保元元年（1156）在京都發生的內亂：圍繞皇位繼承，崇德上皇與後白河天皇對立，實施攝關政治的藤原賴長與藤原忠通也因此對立，遂爆發武力抗爭，結果後白河天皇、藤原忠通方面因得助於武士集團而取得勝利，開啟了武家政權的時代。

烏丸之刀，源氏有削髮刀等皆屬此類。源為義 **34** 在應詔赴保元之亂前，曾夢見傳家鎧甲被風吹散。在後世的戲曲中，家寶紛失也必是大亂的起因。也正是相同的原因。在「公」之大家當中，看重三種神器也出於相同的理由。家徽也是斷不可以更改的。更改家徽的定紋，可是件了不得的事。

西洋的社會單位是個人，個人相聚而組織為國家。在我國，國家是家的集合。這裏有着根本性的區別。現在的民法是根據西洋諸國的法律而制定出來的，立法者肯定在這一點上煞費苦心。即不採取個人主義而是考慮家族主義。在《親族篇》和《相繼篇》當中都極大地體現了這一點。如今世界交通發達，不同人種和不同國體的人彼此往來，因此制定法律也就並非一件易事。我國民法當然適用於我國國民，但西洋人在居住我國時也受我國法律支配，因此就要多少加以斟酌。不僅民法如此，在刑法和治罪法上，立法者也都相當勞心費神。現在的所謂遺族扶助法，從家族主義角度來說，其扶助本應歸於家長，但現在採取個人主義，扶助金也能交到妻子、子女或親屬手裏了。報紙上常有日俄戰爭論功行賞之錢不是被老子橫取，就是被兄長匿下，而致使遺族困頓的報道，為父為兄的做得固然沒道理，但也不能不說這是一種反映當今家族主義和個人主義混雜在一起的社會狀況的現象。

因注重家系，氏姓之辨也有很多說道。正像「遺傳與教育」、

---

34 源為義（Minamoto no Tameyoshi，1096–1156），日本平安時代末期武將，在保元之亂中守護崇德上皇的白河殿，戰敗身亡。

「教育重於血緣氏系」等爭論所顯示的那樣，氏姓經常成為問題。過去對偽造姓氏者，曾命其「盟神探湯」[35]。這是對冒充或偽造他人姓氏者的歸正，在《新撰姓氏錄》這本書裏，列有很多姓氏，有神別、皇別、藩別等。講究血統和家系繁瑣到不能再繁瑣。前面說到的大伴家持在其所作的歌裏也有「大伴遠祖之名」的句子，以示無辱祖先之名。看軍記物語，也是這樣自報家門：

我乃是宇多天皇九代之後胤，近江國之住人，佐佐木三郎秀義之四男，佐佐木四郎高綱，宇治川之先陣也。[36]

這還是短的，也有家門一報就是一大串的：

有耳聽音，有目觀相，我乃是桓武天皇之苗裔，自高望王起第十一代，去王氏不遠之三浦大助義明之孫，和田小次郎義茂也。生年十七歲，私以為可攜大將喚家丁而自成一體。[37]

我輩乃八幡殿後三年會戰中，攻取出羽、金澤二城時，年僅十六便奮勇當先，被鳥海之三郎射中左眼兜之護板，又以其箭回

35「盟神探湯」，日本古代巫術判罪的一種方式，令被審者對神起誓自己清白，然後將手置於沸水中，被燙傷者即判為有罪。

36《平家物語》卷九。

37《源平盛衰記》卷二十一。

射制敵的鐮倉權五郎之末裔，大庭之平太景能、景親二人在此。**38**

　　軍記作者本來在序言中都已經對其人物的血統有過詳細的介紹了，在戰場上不一定這樣一一自報家門，不過如此不忘家名，不辱家名，卻是武士道掛念於心的一件事情。

　　因此，一旦做上了大名之類，便要修家譜，還要貼上金箔，這樣的例子不勝枚舉。要不就是隨意編出份家譜來，大抵不是屬於源、平，就是屬於藤、橘。豐太閣就得了不少姓，最早是平氏，中間是藤氏，到後來才姓豐臣。無論如何，注重系譜是件了不得的事，狂言 **39** 裏的家譜之爭仰俯皆是。哪怕是牛馬也不含糊：

　　賣馬的：「多謝抬舉，那就請聽我隨便說說。不管怎麼說，我這馬是大有來頭，而你那牛卻沒什麼講究。」捧哏兒的：「馬還有來頭？說來聽聽是怎麼回事兒？」賣馬的：「在下誠惶誠恐，那就聽我細細道來。夫馬乃是馬頭觀音之化身，佛祖說法，時乘大船，由月代國而渡往漢土，便是騎着馬去的。周穆王的八疋（譯者按：匹）駒，項羽的望雲水，安祿山的驊騮，皆能日行千里。管仲羈旅途中，突遇大雪鋪天蓋地，迷失歸途，不知如何返鄉，

---

38 《保元物語》卷二。

39 狂言（kyogen），日本傳統民間喜劇，一般指在演出「能樂」當中穿插在「能」與「能」之間的滑稽劇，故又稱「能狂言」，始於室町時代（大約在公元 14 世紀後半至 16 世紀）。參見本書第 145 頁譯註 11「能樂」。周作人曾譯狂言二十四篇，收入《日本狂言選》（北京：人民文學出版社，1955），其「引言」和「後記」對狂言有詳細介紹。

便信馬由韁，讓馬帶路而返。馬之有德焉。天之斑駒最早在日本揚名天下，然後是光源氏大將的坐騎，有稻乞、有須磨、有須磨之浦、有金南寮、有木下、有夜目無月毛、鬼足毛，還有讓源太佐佐木揚名天下的生月、摺墨、太夫黑，雲上有望月駒，遇坡則有小阪駒，再不濟說到白馬節會，也不會有牛摻和進來。佛前有繪馬，神前立幣駒，駒嘶北風，嚇退妖魔，皆大歡喜，好事都是馬帶來的。本歌裏也有說馬的唱詞，那叫『逢阪之關見清水，引韁卻是望月駒』，就沒聽過有這麼唱牛的。」捧哏兒的：「這些事兒早就聽說過了。再去問問那賣牛的看看牛家有什麼來頭？哎哎，馬這邊子午卯酉，條條清楚，你那牛到底有什麼來頭？說說看……」[40]

於是，賣牛的又開始講起自己長長的身世。在狂言《醋姜》當中也有「醋」與「姜」之爭：

賣姜的說，只聽說姜有來頭，沒聽說過醋還有來頭。這回賣醋的不幹了：「醋怎麼沒來頭？」賣姜的：「嘿，虧你說得出，醋還有何來頭？」「當然有了，那還用我說嗎？」「你要不說我怎麼知道？」「你還真想聽啊？別說出來嚇着你。要是比輸了你是打算過來給我跑龍套不成？」「吹着嘮唄，還說不定誰給誰跑龍套呢！」「既然如此，那你過來聽我細細道來。話說推古天皇在位

---

40 狂言劇目《牛馬》。

時，宮中就有賣醋的了，那時天皇陛下招呼說：『賣醋的，賣醋的，過來一下！』於是賣醋的就穿側（醋）道，走簀（醋）門，來到殿下，那時天皇拉開和紙拉門，走出殿來，當下賜御酒，那賣醋的就一碗、兩碗、三碗地連飲，陛下還賜御歌。哎，想聽不？那御歌裏是咋說的？」「你就別賣關子了，快點說吧。」「『住吉神社一隅間，有雀築巢在眼前，耳畔還停啾啾日，子雀離巢飛上天。』天皇陛下賜下的就是這首御歌。這不就是大有來頭的證據嗎？所以你輸了，現在就得給我打下手，跑龍套。」賣姜的：「那你也先聽聽我家是怎麼回事兒。從前辣天王盛世，招呼賣姜的進宮，穿過唐辣門，來到辣席邊，天皇拉開唐『臘』紙拉門，對賣姜的真是很看重，賜下辣酒，那賣姜的就一碗、兩碗、三碗地連飲，又賜御歌一首。你過來聽聽吧。叫作『辣中自有蔥姜蒜，再添一品芥末青』，賜下的就是這麼很『辣』的一首。這不就是姜辣的來頭嗎？你還是快過來給我當跑腿的吧。」**41**

賣膏藥的也互相攀比鬥第。這種滑稽的確反映出社會的一面，可以知道那個時代是如何重視家族譜系。同時期的小說也很講究家族譜系，如果細查一下，物臭太郎也會被說成是文德天皇御子二位中將之子。一寸法師亦同，就連柿子也有一張譜系圖。正因為國民擁戴萬世一系的帝室，所以作為這樣的一國之民，因為家譜族系而喋喋不休也就並非不合情理了。

---

41 狂言劇目《醋姜》。

因為不想讓家譜斷絕，在無子的情況下就要收領養子。古時很少有養子，到了德川時代開始世襲家祿，人們擔心家系斷絕，養子之制才興盛起來。在家裏的伙計當中選出那些有出息有指望的提拔上來，再把自己眾多的女兒分別嫁給他們，分別掛出伊勢屋、三河屋等商號的簾子，以冀本家和分號興旺發達，這也正是以家為重、家乃本位的緣故。武士重視家名，町人看重屋號，兩者並無不同。一家之主即家長，總管全家，任何人都不得違抗其命令。違背家長之命者將被割斷親緣，趕出家門。老子格殺兒子無妨，生殺予奪之權全在家長之手。今天的民法對家族成員之特別財產予以承認，對老子私懲兒子也堅決予以禁止，個人自由在很大程度上獲得了承認。但在過去，所有的財產都是家長的，然後其相繼者又繼承他的一切權利，連家長的名稱也一併繼承。為了區別，只讓一字，為義之子叫義朝，義朝之子叫賴朝如此這般地叫下去；伊勢屋五郎兵衛到了兒子輩，還叫伊勢屋之五郎兵衛。在獲得一家財產的同時，也必須償還一家所負的債務，這在今天的民法也是同樣。家長脫離了身為家長的任務，即為隱居。隱居就要把家中一切事務交給自己的後繼者並聽從其命令。這是「老而從子」，而隱居本無財產。又，當不上家長的兒子或者具有武士身份者稱作「居家人」。能夠當上一家之主的通常是嫡子，叫作「總領」或「家督」，其胞弟、庶子等除非去做別人家的養子當上家長，否則在家就是所謂「食客」。而且即使去做了

養子也必須服從於家這個權力之下，所以養子也並不好當。俗話説「但凡有三合糟糠果腹，也不去當養子」，説的就是這層意思。更不要説做了倒插門兒的女婿要怎樣受媳婦的氣了。因此但凡有骨氣的男兒都不肯去做養子，也曾有身為男兒而以冒用他人姓氏為恥的風氣。因為一切都是家本位，所以就連娶什麼樣的媳婦也都得父母説了算。父母之命不論怎樣招人煩也都得聽。因為娶來的可以不是本人之妻，但不能不是一家之媳。新郎新娘不論怎樣相親相愛，只要不合家風也會被生生拆散。在今天為人父母者當中，有這種想法的仍大有人在，而接受過明治教育的人則大抵主張自由主義。在現今的家庭裏所發生的新舊兩種主義的衝突，也正説明家長主義與個人主義的不可調和。

　　支那也是個家族主義的國度。孔子之教尤其以孝為百行之先。由於這對日本來説是再合適不過的教義，所以最得弘揚，也最蒙受其影響。因為講究「揚名於後世以顯父母孝之終也」，故出人頭地而使家勢興旺便是頭等大事。支那人也極為重視家門名譽，反之亦將敗壞家族名聲，玷污家門名譽視為最大的恥辱。在武士之家，若有不講規矩的事情發生，便要以祖先的牌位暴打，或命其切腹自殺，或乾脆動手了斷其性命，以向祖先謝罪。為維護家族尊嚴，有些為親者甚至不惜自殺，就像四十七士中武林之母、小山田之父那樣。傭人當中若出現不義之人，也會因其玷污家名而被趕出家門，弄不好還會被打死。「鴛鴦罪當死，大赦喜

結夫妻緣，換季更新衣」。從蕪村 **42** 的俳句 **43** 中，可以讀出幸而免遭刑罰的偷情男女的境遇。上流、中流之家固然如此，就是那些名不見經傳之家也是如此，其精神都是相同的。人們重品行是為了不敗壞自己的家門，這不僅是為自己個人的名譽，也是為了不玷污父祖的名聲，不給親族臉上抹黑。以祖先的牌位痛打不孝子孫，藉此表達祖先的意見，也具有這層意義。不久前，有個叫前田什麼的人，因有人說他給俄國人當奸細而被殺了。其岳父覺得愧對祖先，竟不肯把房子借給自己的女兒住。這就是往昔的氣質，就是戲劇《槍之權三》中所發生的那種故事。**44** 擲身於華嚴瀑布，或跳下淺間山噴火口的人，**45** 都屬於明治人物，他們只是想消

---

42 蕪村，即與謝蕪村（Yosa Buson，1716–1783），日本江戶時代中期俳人、畫家，原姓谷口，改姓與謝，號蕪村，俳風感性、浪漫，在俳句創作上取得了很高的成就，與松尾芭蕉（Mastuo Basyo，1644–1694）和小林一茶（Kobayashi Issa，1763–1828）並稱江戶俳諧三巨匠，今有《蕪村全集》九卷（講談社，1992–2009）。

43 俳句（haiku），即「俳諧之句」的略稱，是由五、七、五，共十七個音節構成的短詩，形式上由連歌的發句繼承而來，以「季題」和「字切」為內容和形式的主要特徵。作者在本書第四章對俳句與「國民性」的關係有詳細闡釋。又，周作人也曾對俳句有過詳細介紹，參見本書第 90 頁譯註 55「《萬葉集》」。

44 《槍之權三》，全稱《槍之權三重帷子》，淨琉璃劇目，作者近松門左衛門（Chikamatsu Monzaemon，1653–1724），享保二年（1717）首次公演。主人公笹野權三，善用扎槍，世稱「槍之權三」，因為被誤解與茶師淺香市之進的妻子私通，便帶著後者出逃，遂索性與之合，最後被追蹤而來的市之進斬殺。

45 華嚴瀑布位於日本櫪木縣日光市山中，係熔岩斷崖瀑布，高九十七米，據說公元 8 世紀由勝道上人和尚發現，遂以《華嚴經》字命名，1903 年一高學生藤村操在那裏投身自殺，華嚴瀑布成為自殺名所；淺間山係位於日本長野、群馬兩縣之間的著名錐形活火山，海拔 2568 米，觀光名所，亦因噴發災難和很多人去那裏自殺而有名。寺田寅彥（寺田寅彥，Terada Torahiko，1878–1935）的隨筆集《柿種》（小山書店，1933 年）之《自曙町（十六）》有「投身淺間火口的人數今年夏天也相當多」的話。

076

解自己的煩惱，而於家名如何一向是無所謂的。而現在，世間一
般已不怎麼講究家名了。

三 | 講現實，重實際

俄國軍隊在行進時，有牧師舉着十字架帶領隊伍，以鼓舞士氣。日本軍人只是為皇室，為國家，而將一死視為輕如鴻毛。當赤穗四十七士同仇敵愾，一擁而上，取下仇敵上野介的首級時，有誰曾擔心過自己是否會下地獄呢？大石良雄 [1] 作辭世歌云：

棄身之思靜如水，望月之心無浮雲。

楠正成 [2] 也好，廣瀨中佐 [3] 也好，他們都有「七生人間亡國賊」[4] 的心願。人活動的舞台就是人生，顧及不到死後的世界如何。我國神話對未來之事不作任何描述。人死了便要去月見國的思想是有的，但卻認為那裏是地下，是個黑暗無邊的所在。由於人死要葬於地下，所以不論在哪國，這種想法都是一致的。作為生物，沒有不厭忌死的，所以忌諱死也理所當然。然而，日本的上古之人雖忌諱死卻並不懼怕死。他們對死後如何不作任何研究探討。在有關國土生成的記載中，有物何以生成的解釋，卻沒有對物消

---

1 大石良雄（Oishi Yoshitaka，1659–1703），日本江戶時代中期赤穗大名淺野長矩的家老（總管），元祿十四年（1701）十二月十四日率領四十六名武士替主君雪辱，取了主君仇敵吉良上野介的首級，供奉在泉岳寺主君墓前，後被幕府命令切腹自殺。參見本書第 51 頁譯註 49「赤穗四十七義士」。

2 參見本書第 65 頁譯註 17。

3 廣瀨中佐即廣瀨武夫（Hirose Takeo，1868–1904），日本海軍中佐，曾任駐俄國武官，日俄戰爭中率船隊對旅順口俄軍艦隊實施封港作戰，在撤退途中為救部下陣亡，在當時被稱為「軍神」。

4 此句源自日本歷史學家、漢詩家賴山陽（Rai Sanyo，1780–1832）憑弔楠正成而作漢詩《謁楠河州墳有作》，原句為「七生人間滅此賊」。

亡的任何顧慮。男神前往月見國，回來之後只是祛除死穢，於是，便有了眾多的御子出生。這是宏大的生生不息主義。女神發誓，要日殺千人，男神便對誓要日生一千五百人。神話的整體性質是愛生主義，是注重現世的。

生之根本在食。我國神話以農業為主，有很多與米穀有關的神。由於年之豐凶關係到國民禍福，所以農業是頭等大事。每年的神嘗祭[5]、新嘗祭[6]都是自神話時代以來的風俗，仍保留至今。天皇即位之始，有大嘗會[7]，這是自古以來最鄭重的儀式。在上代文學祝詞[8]中，春日祭[9]祝詞是祭風神的，廣瀨祭[10]的祝詞是祭水神的，祈年祭是播種時節祈願當年豐穰的，這些祭祀都為一年的豐凶而煞費苦心。此外，大殿祭[11]、御門祭[12]、道饗祭[13]等祝詞，也都是出於趕走邪神、以免其出來惹禍殃及自身的想法，就是說，在

5　神嘗祭（Kannamesai），日本皇室祭祀之一，天皇在秋收季節向伊勢神宮供奉新米的儀式，每年 10 月 17 日舉行，現在只實行皇居內的「宮中行事」。

6　新嘗祭（Niinamesai），日本皇室祭祀之一，天皇每年 11 月 23 日向神明供奉新米並親自品嘗的儀式，若是即位後首次祭祀，則叫作「大嘗祭」（Daijyosai）；現在的 11 月 23 日為法定節日「勤勞感謝日」。

7　即上譯（本頁譯註 6）中的「大嘗祭」。

8　祝詞指舉行神道儀式時由神官在神前詠頌的禱詞。

9　春日祭（Kasuga masturi），每年 3 月 13 日在春日神社舉行的祭祀。

10　廣瀨祭（Hirose masturi），指位於奈良縣北葛城郡的廣瀨大社每年舉行的祭祀水神的儀式。

11　大殿祭（Otono-hogai），皇宮內舉行的祈禱宮殿平安的祭祀儀式。

12　御門祭（Mikado masturi），皇宮裏舉行的祭祀門神以防邪神進入的儀式。

13　道饗祭（Michiae no masturi），每年在京都四隅道路上舉行的祭神儀式，饗妖魔鬼怪以食物，以防止其進入京都。

上代祝詞裏，沒有一樣是祈禱死後冥福的。

古代日本人把精神稱作"tama"，跟「玉」是同一個詞。以玉為貴，用作裝飾，古今東西無異。在我國上代早有關於玉的記載，有赤玉、青玉、水江玉、曲玉。莫非心本來稱作"tama"，而後才把玉也稱作"tama"？抑或是把心稱作"tama"是從玉這個詞轉借而來？不管怎麼說，兩個詞渾然一體，也正是由於它們都貴在玲瓏剔透，充滿光明的緣故。"tama"相當於英文 soul（魂魄）一詞，可以將我們所有的內心活動都看作是源自"tama"的行為。到現在仍有「大和魂」（Yamato Damashi）和「倔強魂」（負けじ魂，Makeji Damashi）的說法。也說某人「魂鎮四極，穩如泰山」。上代日本人認為 tama —— 精神或心靈 —— 具有兩個方面，即「荒魂」與「和魂」。荒魂強而和魂柔。神功皇后三韓征伐 **14** 之時，住吉 **15** 之明神「和魂服玉身而守壽命，荒魂為先鋒而導師船」，由此可知二魂之別。而在和魂之作為當中，便有幸魂奇魂之功。《日本書紀》 **16** 記載：

---

14 神功皇后（Jingukogo，170–269），仲哀天皇的皇后，謚號據《古事記》為「息長帶比賣命」，《日本書紀》為「氣長足姬尊」，兩書皆記載為出兵三韓的核心人物。「三韓」指朝鮮半島的新羅、百濟、高句麗。仲哀天皇死後，其以妊娠之身出征，降服三韓，回國後產應神天皇。

15 住吉指住吉大社，位於大阪市住吉區，祭祀航海之神，後來的遣隋使和遣唐使在出發前都去那裏參拜，祈禱航海平安。

16 《日本書紀》三十卷，成書於公元 8 世紀的奈良時代，是日本最古老的敕撰正史，係以漢文記述的編年體史書，記述了自神話至持統天皇時代朝廷中傳承的神話、傳說和各種記錄等。

於時神光照海，忽然有浮來者，曰如吾不在者，汝何能平此國乎？由吾在故，汝得建其大造之績矣。是時大己貴神問曰，然則汝是誰耶？對曰，吾是汝之幸魂奇魂也。大己貴神曰，唯然廼知汝是吾幸魂奇魂也。今欲何處住耶？**17**

由此可知，大己貴神並不知道前面過來的就是自己的靈魂，而問對方是誰，在跟自己的靈魂進行問答。由於人的 tama（靈魂）可以像這樣離開肉體去活動，所以大己貴神才得以借助幸魂奇魂的相助而成就自己的事業。這也就是說，即使是關於 tama 即靈魂的種種想法，也無非是要講明其對現世有怎樣的幫助而已。也有敵視人、禍害人的 tama，寫作「生靈」，讀 ikisutama。在《源氏物語》中，六條御息所的生靈讓葵上大吃苦頭，**18** 就是 tama 向壞的方面使勁的緣故。當然也有信仰認為，人死後其靈魂可以離開肉體而保留下來，這靈魂雖肉眼看不見，卻總是伴隨吾人左右，規誡吾人行動，干預吾人禍福。而正因為如此，才有對祖先的崇拜，才會祈禱不要接觸惡靈而要接觸善靈。不過，關於死後靈魂怎樣，也就只是這些想法，與生前並無任何區別。生前靈魂可以離開肉體到外邊去活動。死後也無外乎如此，所以也就沒必要格

---

17 見《日本書紀》神代卷。

18 《源氏物語》參見本書第 40 頁譯註 15。六條御息所係作品虛構的人物，為桐壺帝時代的前東宮妃，主人公光源氏的第一個戀人，由於自我壓抑，其「生靈」嫉妒所有光源氏身邊的女人並且向她們復仇，光源氏的第一個妻子葵上也是其中的一個受害者。有孕在身的葵上遭六條御息所生靈困擾的故事，見該作品《葵》帖。

外擔心或操勞死後的事。至於死後靈魂轉生，以牛馬之體，報應生前之所為，即因果報應、輪迴轉世的思想，則完全是佛教灌輸給日本人的思想，上代日本人是不曾知道這些講究的。要而言之，上代並沒有因果報應的思想，也不存在輪迴轉世的思考，而只是相信幸是善神成就之業，禍是惡神所為之果。欽明天皇時代開始有因果報應之說。有個叫秦大津父的人，因救了狼而得到天皇的寵幸。像這樣樂善好施而得善報的事，並不囿於現世，而在過去、現在、未來三世皆為有效，這便是佛教的因果說，其主張若在現世作惡，到了來世則不僅要下地獄，還會變牛變馬託生為畜生。這些故事以《日本靈異記》[19] 為代表，在《今昔物語》等作品中留下了很多令人感到毛骨悚然的段子，而其中又有很多只是把場所和地名換成日本的而已。所謂「遭了因果報應」，「父母因果，報於子嗣」等說法，都來自這種思想。

伴隨着佛教的到來與傳播，想到死後的事也是理所當然的，但儘管如此，就連佛教也帶有現世的傾向。經過奈良朝和平安朝[20]，佛法成了為現世祈禱的佛法。在佛教到來之初，其能為朝廷

19 《日本靈異記》即《日本國先報善惡靈異記》，日本平安時代（794–1185）初期的佛教說話集，三卷，僧人景戒撰，以漢文記錄了公元 8 世紀到 9 世紀上半葉的朝野異聞，其中多有涉及因果報應的內容。

20 日本的時代名稱，奈良朝亦稱奈良時代，廣義指公元 710 年元明天皇遷都至平城京（今奈良市）到 794 年桓武天皇遷都至平安京的八十四年間，這期間誕生了日本第一部詩歌總集《萬葉集》和最早的散文集《古事記》以及第一部敕撰史書《日本書紀》。平安朝亦稱平安時代，指公元 794 年桓武天皇遷都至平安京後到 1192 年鎌倉幕府成立的約三百九十年間，這個時代在制度、宗教和文化方面深受唐文化的影響，並在接

所容，也是由於召和尚進宮為天皇診治御體疾患。而後每有五穀不登，便造佛寺；每遇大風洪水，便造堂建塔。天皇御體欠安、皇后有恙、皇太子生病，都要舉行寫經、講經、度僧、齋會等活動。這些記載自《續日本紀》[21] 以下頻繁出現，不絕於史記。由於每有皇室或國家大事就要藉佛法來轉嫁災禍，所以與此同時，大抵也要向全國神社奉獻幣帛。聖武天皇天平十三年在全國建國分寺，其時詔書曰：

> 頃日年穀不豐，疫癘頻至，慙懼交集，唯勞罪己。是以廣為蒼生，遍求景福，故前年馳驛，增飾天下神宮，去歲普令天下，造釋迦摩尼尊像高一丈六尺各一鋪，並寫大般若經各一部。自今春以來至於秋稼，風雨順序，五穀豐穰，此乃徵誠啟願，靈貺如答。[22]

由此可知，（皇室）是顧念國民幸福和年之豐凶才尊崇佛法的。祈年祭和新嘗祭，其精神相同。頒佈禁止殺生和禁酒令也都出於同樣的旨趣，都只限於皇室有疾患，或遭遇乾旱和洪水等國

受前者影響的過程中開始呈現日本特色，就本書的範圍而言，出現了《源氏物語》和《枕草子》那樣具有代表性的長篇敘事文學作品。

[21] 《續日本紀》係日本「六國史」之一，繼《日本書紀》之後排在第二部，菅野真道（Sugano Mamichi，741–814）等人於延曆十六年（979）奉桓武天皇敕令編撰，四十卷，以編年體形式記錄了自文武天皇（697–707 年在位）到桓武天皇（781–806 年在位）的歷史。

[22] 見《續日本紀》卷十四。

家有災變的情況。也就是説，這只是將從前的祭政一致的祭祀擴展到佛法而已。佛法被用於現世的利益。自從真言秘密佛教[23]大行其道、進入宮中之後，便有了一月八日到十四日的齋會[24]，講《最勝王經》[25]，亦有真言院的修法[26]，此外還有大元帥法[27]、仁壽殿觀音供[28]等形形色色的儀式，都是為保佑天皇御體或為祈禱國家和平而做的，結果還是跟唱誦祝詞一樣，它們和節折儀式[29]、大祓儀式[30]在動機和目的上不存在任何區別。正如前面所説，御

---

23 指真言密教，教徒稱其「金剛乘」或「真言宗」，以與「大乘」「小乘」相對，南北朝時代傳入中國，開始有《大日經》和《金剛頂經》的漢譯，又經最澄、空海、圓仁、圓珍等遣唐僧傳入日本，並且分為兩個流派：一是以最澄為代表的真言宗，一是由空海開創，圓仁、圓珍等人發揚的天台宗。所謂「真言秘密」，指的是佛身、佛口、佛意三種秘密當中的口密，因真言意深難解，連菩薩都不懂，故稱秘密。

24 參見本頁譯註 26「真言院」。

25 《最勝王經》，全稱《金光明最勝王經》，大乘經典之一，唐代義淨漢譯，十卷本，日本奈良時代作為護國經典予以重視，公元 714 年，聖武天皇發詔建立國分寺和國分尼寺時，以金字寫該經，分藏於全國國分寺。

26 真言院，係承和二年（835）由僧人空海奏請仿唐青龍寺在皇宮內修建的修法院，每年正月做「後七日」即八日至十四日的法事，也就是上文所説的「齋會」，祈願御體安穩、國家隆昌、五穀豐穰、萬民豐樂。

27 真言密教的大法（咒術）之一，供奉大元帥明王，正月八日至十七日只在皇宮裏做法事，祈禱消除怨敵、逆臣，確保國家平安。

28 仁壽殿係 9 世紀以後建於平城京（今京都）內的宮殿，初為天皇御居，後來成為內宴、相撲、蹴鞠和供奉觀音 —— 即所謂「觀音供」的場所。每月 18 日舉行法事，供奉觀音。

29 節折（Yoori），每年 6 月和 12 月的最後一天在皇宮裏舉行祓除儀式，由宮內祭祀官中臣氏之女，手持叫作「荒節」與「和節」的兩種竹枝為天皇、皇后、皇子測量身高，然後折斷竹枝，以去凶免災。

30 大祓（Oharae），每年 6 月和 12 月的最後一天，親王以下的在京百官聚集到朱雀門前舉行的祓除萬民罪穢的儀式。

殿祭、御門祭、遷卻祟神詞[31]等祝詞，都是用來抵禦邪神、祈禱其不禍及天皇御體的頌詞，所以也就是不觸惡靈、不近禍神的古代思想。除夕之夜，宮中所舉行的驅鬼儀式，也是出於相同的想法。口誦「福進鬼出」即是為此之故。「笑門來福」之說也是同樣。一年之中的各種儀式、節供也都是用來祈禱年中平安無事、福星高照的。喝七草粥也好，喝小豆粥也好，都具有相同的意味。

因此，在平安朝時代，得病時不請大夫而先叫和尚風靡一時，說和尚的念經祈禱可以治病。在《枕草子》[32]裏有這樣的記載：

修驗者說要查檢惡靈，滿面得意，將個金剛杵和佛珠放到病人手上，發出蟬鳴般的尖叫，開始念誦，卻絲毫不見褪治的跡象。[33]

這是以佛教儀式治病而不見效的情況。此外，眾所周知，在以《源氏物語》為代表的物語日記裏，這樣的例子也是多不勝

---

31 遷卻祟神詞（Tatarukami wo ustusiyarukotoba），即舉行「遷卻祟神」儀式時的念語。與道饗祭（參見本書第 81 頁譯註 13「道饗祭」）的防止妖魔鬼怪進入京城的目的不同，「遷卻祟神」是以為神在作祟，因此要供奉祂們，把牠們高高興興地打發走。

32《枕草子》是日本平安時代中期的隨筆集，作者清少納言（Se Syonagon，生卒年不詳），一般認為成書於長保二年（1000）以後，有雜纂和類纂兩種形態，內容由類聚、日記、感想等構成，作者以敏銳的觀察和細膩的描寫取得了很高的文學成就，在文學史上與另一位才女紫式部齊名。有周作人的漢譯本（北京：中國對外翻譯出版公司，2001），譯者的評價是「在機警之中仍留着女性優婉纖細的情趣」。

33 據石田穰二譯註本（角川文庫，2006 年），該文見第二十二段，周作人漢譯取自不同底本，該文排列在第二十一段（參見周作人譯本第 34 頁）。

舉。而且不只是生病時，生產時也是同樣，叫不叫產科醫生無所謂，把和尚請來祈禱倒是不可缺少的。首先，從着帶[34]時起，就要請和尚來做加持，時近臨產，更有形形色色的祈禱，若有臨盆跡象，僧正等還要率領群僧前來護持。若終於到了生產的關節，加持甚至要做到湯殿[35]裏來。在《中宮御產日記部類》[36]中，有永元二年五月廿八日皇子降誕的記載，從中可知那詳細情形。《紫式部日記》[37]也記載得很詳細。除此之外，在物語類中也有很多。祈禱也是五花八門、形形色色，有五壇法[38]、佛藥師法[39]、尊星王法[40]、金剛童子法[41]、如法愛染王法[42]、八具道供[43]、千手供[44]、

---

34 着帶，係日本平安時代舊俗，婦女自妊娠第五個月開始要在腹部圍上一條絹製的帶子，以祈禱平安生產。

35 湯殿指宮廷浴室。

36 指《中宮御產部類記》和其他相關日記類，收錄於塙保己一（Hanawa Hokiichi，1746–1821）編纂的大型史料叢書《群薯類從》（1779–1819 年刊行）。

37 紫式部（Murasaki Shikibu，生卒年不詳），係日本平安時代中期皇宮中女官，既是作家也是歌人，「中古三十六歌仙」之一，著作有《源氏物語》（參見本書第 40 頁譯註 15）、《紫式部日記》和《紫式部集》等，《紫式部日記》是紫式部在宮中供職時所記日記，自寬弘五年（1008）七月起，有一年半的時間跨度，記錄了宮中的各種事情。

38 五壇法，也叫五壇之法，即以五大明王為本尊的密教修法，祈願鎮亂息災。

39 佛藥師法，通稱藥師法，以藥師如來為本尊的密教修法，祈願除病免厄。

40 尊星王法，即以尊星王（妙見菩薩）為本尊的密教修法，祈願國家安泰。

41 金剛童子法，即以金剛童子為本尊的密教修法，祈願息災和延命。

42 如法愛染王法，亦稱「如愛染明王法」，即以愛染明王為本尊的密教修法，祈願敬愛、息災獲福。

43 八具道供亦稱「八供養」之法，即向金剛界三十七尊中內供之四菩薩與外供之四菩薩修祈禱之法。

44 千手供，即以千手觀音為本尊的密教修法，祈願除災和安產。

金輪法 **45**、如法佛眼法 **46**、北斗法 **47**、六字法 **48**、八字文殊 **49**、鳥瑟沙摩聖觀音法 **50**、准胝法十一面護摩 **51**、炎摩天供 **52** 等。藤原賴長的《婚記》，是藤原多子當近衛皇后時的記錄，**53** 由此可知，在與婚姻相關的場合也是有和尚出現的。從前的和尚不像現在這樣只管喪事，他們那時也像今天的「耶穌和尚」一樣，是連婚禮也要主持的。不論遇到什麼事，都是為祈禱息災延命才去找和尚，由此可以得知我國國民是怎樣把佛教用於現世當中的。

禁忌自神話時代起就有，所謂「為攘鳥獸昆蟲之災異則定其禁厭之法」**54** 是也。直到今天在民間還相當盛行。其中某些東西自

---

45 金輪法，指一字金輪之密教修法。

46 如法佛眼法，即向佛眼尊修祈禱之法。

47 北斗法，指日本密教的星祭修法，設壇祭北斗曼陀羅，本命星居中，而四周設本命宿、當年星、生年宮、本命曜，祈願消災延命。

48 六字法，即以菩薩的六字真言為本尊的密教修法，分六字文殊法和六字河臨法，前者以文殊菩薩六字為本尊，祈願滅罪和往生極樂，後者以千手觀音六字為本尊，祈願伏敵和除咒。

49 八字文殊，又稱文殊八字法，即以文殊菩薩八字真言為本尊的密教修法，祈願消除自然災害。

50 鳥瑟沙摩聖觀音法，即指密教的兩種修法，前者以鳥瑟沙摩明王為本尊，後者以聖觀音為本尊。

51 准胝法十一面護摩，即密教以十一面觀世音為本尊的修法，祈願除病、滅罪、求福。

52 炎魔天，也寫作焰魔天，係十二天之一，守護南方，進入密教之後成為護法神。炎魔天供指以炎魔天為本尊的密教修法，祈願除病、息災、延壽、生產。

53 藤原賴長（Fujiwara no Yorinaga，1120–1156），日本平安時代後期的貴族、公卿、學者，政途得勢又失勢，死於寶元之亂，身後留下日記十二卷，名《台記》，以文筆生動著稱，《婚記》即是其中的一部分。藤原多子（Fujiwara no Masako，1140–1202）係賴長養女，先後做了近衛、二條兩代天皇的皇后。

54 語見《日本書紀》神代卷。

古就有。有些咒語是為防狗咬，有些咒語則用於防蛇咬，還有一些咒語是止鼻血管頭痛的，更有一些咒語是消火災防小偷的，祝詞裏雖有「飛鳥之禍，爬蟲之禍」的講究，但畢竟都是其所祈禱事項的療救方法，皆源自追求現世的幸福。以夢境判斷禍福自古就有，占卜也自古就有。《萬葉集》[55]裏有很多占卜，有橋占、夢占、水占、石占等等。又，上代有一種木桶狀的占卜用具，也都是出於現實的目的才有的。這些東西至今仍保持着它們的生命力。

　　説到「卜」，很早就有叫作「太占」的占卜法，以焚燒鹿的肩胛骨而卜。在《古事記》[56]裏就已經有伊奘諾尊問卜太占的記載。此後從支那又傳來了以燒龜骨而占的「龜卜」。在中古時代，婚喪嫁娶，總要有占卜吉凶的儀式，而為選擇吉日良辰、門檻走向，則一定要借助陰陽師之力，逢吉則祈禱將來越發吉祥，逢凶則祈禱平安無事。這是在自古就有的日本人的思想之上，更進一步加入支那的五行説和印度密教，從而使其根幹益發堅實的

[55]《萬葉集》，係日本現存最早的和歌集，一般認為是由大伴家持（Otomo no Yakamochi，約 718–785）等人編輯，二十卷，收從天皇、貴族到下級官員乃至防人（戍邊士卒）的和歌四千五百首，時間跨越三百五十年，是日本第一部和歌總集，也是日本語言、文學乃至歷史研究不可多得的重要資料。《萬葉集》漢譯有錢稻孫、楊烈、李芒、趙樂生的選譯或全譯，周作人曾就包括《萬葉集》在內的日本詩歌內容、體裁及發展流變有過較詳細的介紹。參見《日本的詩歌》（1921）、《〈日本俗歌五首〉譯序》（1921）、《一茶的詩》（1921）、《日本的小詩》（1923）、《日本的諷刺詩》（1923）。

[56]《古事記》，係日本最早的史書，分為上中下三卷，太安萬侶（Onoyasumaro，? –723）奉元明天皇之命撰錄，712 年獻上，由於在敍述天皇如何實現天下一統的過程中穿插了大量的神話、傳説和歌謠等內容，因此對後來的日本文學和宗教文化都產生了極大的影響。有周作人漢譯本。

產物。我認為，當時的日本人開始獲得了學理上的詮釋，從而得到了極大的後援，於是才去相信的。一般來講，平安朝時代是個屢弱而陷入神經過敏的時代，但那個時代所恐懼的，與其說是死後，倒莫如說是生前。不僅過去是這樣，這種想法到現在仍很有勢力。談婚論嫁時，要先問對方姑娘的生辰八字，搬家要先看是否對着鬼門。出門也好，赴約也好，不論何事都講究個吉利。扛着白紙做的「御幣」驅邪免災，至今仍很流行，而以賣卜為生的人，舉國之內就更是多得不可勝數了。

「肩扛御幣」正如其言語上的表現，確實是在「扛」，以示頂戴。正月時吃的小豆或煮豆都是取其「圓滿」之意，魚籽意味着多生孩子，子孫滿堂；門前裝飾橘子，意味着好運不斷，代代興旺，這些都是人們所熟知的。「四」這個數字由於發音跟「死」相同，就以「吉」的發音來替代，在日語中讀作「ㄠ」。電話號碼要是「四四四」的話，恐怕就沒人要了。聽說下谷電話局的「四四四」讓大學婦產科領了，而番町局的那個讓妖怪學博士井上圓了[57]要去了。在《平家物語》[58]中，平清盛夢見自己眼睛飛了出來，就高興得不得了，說這是「目出度」[59]──值得慶賀之意。日

---

[57] 井上圓了（Inoue Enryo，1858–1919），日本近代哲學家，新潟人，嘗試以西方哲學來對佛教予以新的解釋。創立哲學館（後為東洋大學），有很多佛教哲學方面的著作，所謂「妖怪學」是指他的《妖怪學講義》。

[58]《平家物語》，軍記物語，成書於13世紀上半葉，以漢和混合文體描寫了平氏家族由盛到衰直至滅亡的過程，對後來的軍記物語、謠曲、淨琉璃等產生了極大的影響。又分讀本與說本，前者有六、二十、四十八卷本，後者有十二卷本。有周作人漢譯本。

[59]「目出度」，日語為「目出度い」，讀 medetai，是喜慶這個詞的漢字寫法。

本人向來以枕詞 **60** 裝點文學，當然也就講究言語上的吉祥諧音。「肩扛御幣」大多是圖言語上吉祥。然而，如果把這些都當作迷信來看的話，那麼葬禮不選在「友引」**61** 這一天的做法也就不是因為考慮人死後的去向，而是顧及活着的人，不給他們添麻煩。這些都是追求現世幸福的迷信。

　　生病也好，結婚也好，即使在一切都要委託和尚來做祈禱的時代，神社也依然發揮着祈願的功能，只是到了後來，和尚才遠離了這些，專門去打理逝者了。如此一來，和尚也被看作不吉利的了。正如諺語所說，「每逢灌佛和喜事才去寺廟」，佛教變得不怎麼被看好了。若是正月沒過完的時候看到和尚，便會令人感到不悅。於是，逢喜臨慶，遇到好事就沒有了和尚的份兒，生了孩子要去神社，參拜氏神，而到廟裏去的似乎只是那些婆婆和老爺子們了。凡有吉祥喜慶的場合，總有御神酒貢獻於神龕，卻不見有佛壇燈火通明。出生時謁神，死去時找佛，神與佛扮演着不同的角色。曾幾何時，佛也像神一樣，加入到祈禱現世幸福的行列，但到了後來就又被排斥掉了。我國自古以來的文學，多有喜氣洋洋的大團圓結局，這從我國的國民性來看，是再自然不過的

60　枕詞，係日本古代韻文尤其是和歌的一種修辭手法，一般為五個音節，固定於一定的詩句之前，用以修飾後面的句子，卻與全體主旨無直接關聯，而只是通過諧音、聯想或轉用等形態發揮修飾作用，近似於《詩經》六義當中的「興」，即朱熹所謂「興者，先言他物以引起所詠之詞也」。

61　友引，曆註當中的六輝之一，早晚吉，而晝間凶。因俗信取字面之意，以為會「友引」即帶走朋友，故「友引日」不舉行葬禮。

現象。即使是在佛教鼎盛的平安時代，仍有很多物語描繪現世的榮華富貴，以主人公的出人頭地來作結尾。《落窪物語》中的姬君 **62** 也好，《宇津保物語》中的仲忠 **63** 也好，還有光源氏 **64**，都有光彩奪目的結局。《狹衣物語》**65**、《濱松中納言》**66** 和《偷樑換柱》**67** 的主人公也都是一樣。在後世的小說當中，像馬琴 **68** 小說那樣表現善者榮華、惡者衰亡的作品有很多。室町時代的《小落窪》《一寸法師》《扣頭鉢》《蛤草紙》**69** 都屬於這類作品。

謠曲中的坊間故事多是離愁別緒，當初落魄，飽嘗離別之苦，最後又像盆景花盆裏栽種的小樹那樣，苦盡甘來，安然無

---

62 參見本書第 39 頁譯註 11「《落窪物語》」。

63 參見本書第 39 頁譯註 12「《宇津保物語》」。

64 參見本書第 40 頁譯註 15「《源氏物語》」。主人公光源氏最後做了「准太上皇」。

65 參見本書第 39 頁譯註 14「狹衣大將」，「大將」是故事主人公的名字，其憑藉一表人才和多才多藝，最後終於繼承了帝位。

66 即《濱松中納言物語》，平安時代後期作品，主人公濱松中納言夢中遇見亡父，得知其在「大唐」轉生為皇子，便渡海相見，在「唐土」與皇后以及很多女性有了戀愛故事。

67 即《偷樑換柱物語》（原文題目「とりかえばや物語」），平安時代後期物語，講的是一個男裝女孩兒入宮當差，最後做出人頭地的故事。

68 馬琴（Bakin，1767–1848），通常在名稱之前冠以曲亭（Kyokutei）或瀧澤（Takizawa）的稱呼，江戶時代後期通俗文學作家，本名瀧澤興邦，別號曲亭馬琴、著作堂主人等，是日本歷史上第一個靠稿費為生的作家，作小說二百六十種，其作品構思宏大，多描寫勸善懲惡的故事，代表作有《椿說弓張月》《南總里見八犬傳》等。周作人曾作《馬琴日記抄》。

69 室町時代是指足利將軍在京都室町開設幕府的統治期間，從 14 世紀末到 16 世紀末有近兩年的時間，這一期間短篇故事很發達，後來被統稱為「御伽草子」，文中所提各篇皆在其中。

恙，親子夫婦，久別重逢，皆大歡喜。本來在那其中也是多少有些悲劇成分的，但由於是佛教文學也便無法可想了。然而更重要的是，就整體而言，其關於死後問題、關於死的煩惱並未映射到我國的文學當中的部分。即便在近松[70]的殉情故事裏，關於死，也沒有對死後暗無天日的擔心以及去考慮下一步會怎麼走的部分。夫婦來世，共託蓮華，皆有定數，用不着去擔心。死，只是由於此世人生無法持續下去的義理使然。一方面想活，執着於生，另一方面又在死不期而至時對死並不懷有恐懼，這看似矛盾，卻是安然淡定的心態，其對死後的世界並無怎樣的恐懼，也無怎樣的顧慮。以宗教心的標準來衡量，可以説是相當冷淡的。

也許還有老爺子老婆婆會相信真宗的僧侶説教給他們的地獄和極樂世界，但地獄與極樂卻只存在於現在的世間，而並非在講述未來。為把教義説得通俗易懂，即使告訴人們現世即是地獄與極樂世界，人們也會點頭接受。佛教講究頓悟，以「悟」為主，所以禪多受歡迎。一休和尚[71]放浪無羈，反倒令人對他感到

---

70 近松指近松門左衞門，日本江戶時代中期著名的淨琉璃、歌舞伎劇本作者，多寫世相和人情糾葛，留下狂言二十幾種、淨琉璃一百多種，具有很大影響。

71 一休和尚即一休宗純（Ikkyu Sojyun，1394–1481），日本室町時代臨濟宗禪僧，號狂雲，字一休，據説是後小松天皇的私生子，後做了京都大德寺住持，擅長書畫，其反抗禪院腐敗、自由奔放、行為不羈的故事通過小説、戲曲廣為流傳。

欽佩。真宗的親鸞聖人 72 普及了吃葷和娶妻生子的宗旨，正是敏感地洞悉到了國民性的緣故。日蓮上人 73 的奔走呼號，從一個方面來講也是出於現實方面的國家安危的考慮，其教義怎樣姑且不論，其擊大鼓而聚集起來的人們多是為了病體早日康癒。不惟對日蓮宗 74 如此，對神社的參拜也是一樣，鬼子母神 75 也好，帝釋天 76 也好，穴守稻荷 77 也好，冰川稻荷 78 也好，人們都是抱着保佑現世平安的目的去參拜的。護符出自全國的神社和寺廟。水天宮 79 的五日之緣日的人頭攢動、熙熙攘攘，也是為求保佑平安。

---

72 親鸞聖人即親鸞（Shinran，1172–1262），日本鐮倉時代初期佛僧，淨土真宗鼻祖。皇太后宮大進日野有範的長子，後成為淨土宗鼻祖法然的弟子，1207 年因與法然師弟的關係而遭連坐，被流放到越後（今新潟縣大部），自稱愚禿。法然死後不返京都，在地方各處傳教，其教義以信心為本（不同於法然的佛為本），無固定寺廟，不忌食肉和娶妻生子，亦躬身實踐，娶惠信尼為妻並有一女，後得姓大谷，形成日本佛教史上獨特的教派。

73 日蓮上人即日蓮（Nichiren，1222–1282），日本鐮倉時代佛僧，日蓮宗鼻祖。青年時代遊學修行於比叡山、奈良、高野山等佛寺，1253 年開設法華宗，主張以《法華經》救贖並攻擊其他教派，曾因獻書幕府《立正安國論》，預言國難而遭流放。

74 日蓮宗為日本佛教十三宗之一，以日蓮為鼻祖的教派。

75 鬼子母神，守護佛教的夜叉，女神之一，梵名訶梨帝母，由於被視為《法華經》的守護神，故在日本多被供於日蓮宗和法華宗寺廟。

76 帝釋天係密教當中天部守護神之一，與梵天一同守護佛法，梵名釋提桓因。

77 穴守稻荷，指位於東京大田區羽田的稻荷神社，19 世紀初因墾田遭受海水倒灌之害而建，祭神豐受姬命（或稱豐宇氣毘賣命）。

78 冰川稻荷，似指位於埼玉縣大宮市的冰川神社，據說由第五代天皇孝昭天皇自出雲大社勸請而建，祭神素盞鳴命、大己貴命和奇稻田姬命。由於有武運守護神之稱，故歷來受武家青睞。

79 水天宮最早建於公元 12 世紀的安德天皇時代，位於福岡縣久留米市，被尊為船夫的守護神，1818 年在東京日本橋建分社，祭水神、安產、子授之神。

辯財天「巳成金」的護符，**80** 也只因金錢慾望才人氣興旺。西市以熊手為吉祥之物，**81** 也是由於其能拾來幸運，斂財聚寶的緣故。「酉」這個名稱也很吉祥，説是鷲明神可以把福運金運「鷲握」而來。而説到實現大願，那麼進獻神社前的鳥居牌坊，進獻繪馬 **82**，進獻燈籠之類，便全是出於對獲得某種實際利益的感謝，或是因為大病痊癒，或是由於家業繁榮等等。近來甚至有出於廣告的目的而進獻的。實際主義走向了極端。儒教主張以現實道德為主，不宣揚怪力亂神，這是最適合我國國民的教義。這種教義很早就傳到我國，至今仍支配着我國的國民道德。其本來與我國體並不矛盾。不僅不相矛盾，比起支那來，這種教義倒更符合日本的國情。革命思想是支那思想，儒教當中也多少包含一些，但日本未取這個部分。其他部分則誠然可取，故自聖德太子以來以此施治。由於是躬行實踐的教義，所以與佛教亦非乖離。在支那，把孝擺在第一位，以為是百行之本，而日本以忠為重，並在歷史上留下了很多實例。文學上也多有體現。其流於世俗而成為心學，

---

80 辯財天為專司音樂、辯才和財福的女神，在印度時為河神，後變化為學問和藝術的守護神，到日本後，與吉祥天相混，日本人以福德之神相待，改「才」字為「財」字，專取發財之意。所謂「巳成金」是指祭奉辯財天的神社在正月第一個巳日所出的護符；因為在日語當中「成金」有一夜暴富之意，所以在曆註中巳、成、金三日重合之日被視為吉日，有説法是如果在那一天把錢或米包在紙裏會發財。

81 舊曆十一月酉日在大鳥神社舉行的祭祀活動，其吉祥物是一種叫作「熊手」的裝飾物，人們求來擺放在家裏，希望其像鷲爪一樣，抓來幸運，聚斂財富。西市以東京的鷲神社最為有名。

82 繪馬（絵馬，ema）是向神社祈願時或祈願實現時向神社奉納的繪有圖案的木板。當初上面畫馬，故名；現今圖案不限於馬。

在德川末期流衍得登峰造極。即便如此，去掉那些難懂的學理，其還是非常徹底地注重實際的。

在這個萬世一系的古國，雖有保守的氣象，卻在採用新事物方面從不含糊，只要能發揮實際作用。伊勢大神宮一如既往，宮脊「千木高入雲」**83**，宮柱粗壯勁拔，在造法上古今無別。和歌至今仍以古語相綴，仍然保持着往昔的形式。即使在精美的七寶燒**84** 和金蒔繪**85** 絢麗奪目的時節，仍使用不掛釉的土陶器和白木荏的三方供桌。該保守的地方徹底保守，而對有利的東西又迅速採用，加以改革。大化改新之時，導入了支那的典章文物；明治維新之際，「尊王攘夷」又迅速變為「口岸開放」，這些都是實際方面的利益使然。取長補短是日本人的長項。日本在歷史上曾兩度被迫面對處在更高發展階段的不同文化。然而，儘管是與處在不同發展階段的文化相遇，日本也完全沒被壓倒，反倒甘願與之調和，以供己用。過去有「和魂漢才」**86** 的說法，便是就此而言。對運動方便，就穿洋服；有益於衛生，就吃西餐；審時度勢，不惜拋棄一切舊物而變更為新式，其動作迅速敏捷，而從不像支那人那樣，只是在倒了大霉、被人敲了腦殼之後才肯認賬。因此，西

---

83 語出《大祓詞》，原文「高天原に千木高知りて」，「千木」指裝飾在伊勢神宮屋脊上的交叉搭構的木頭。

84 七寶燒，指在金銀銅等金屬上掛釉的工藝或採用該工藝的工藝品，中國稱作琺瑯。

85 金蒔繪，指日本獨特的漆器工藝及其工藝品，在漆器表面先以漆製作花紋或寫字，然後在漆未乾時施以金粉或銀粉，以其呈現「金繪」紋樣或字樣來。

86 語出《菅家遺誡》（成書於 14 世紀至 15 世紀之間，假託平安貴族、學者菅原真道之言），明治時代以後，仿照此言又有了「和魂洋才」的說法。

洋的人類學者稱日本人耽溺於模仿。不是耽溺於模仿，而是長於獲得實際利益。因為倘不如此，就無法立足於生存競爭的世界。模仿這個詞有語病。模仿當中沒有精神存在，就好像猴子學人。在我國國民的取長補短當中，就具有和魂漢才的意味。我國按照英法德等國的樣式改造了陸海軍，但其精神仍是日本式的。可以從德國買來克虜伯大炮[87]，可以從英國買來阿姆斯特朗大炮[88]，但操炮之心還是日本人的，正像他們此前使用正宗刀[89]那樣。西洋人說，日本人四十年間一躍而成為強國。但他們只說對了一面，卻沒注意到另一面，那就是傳承了祖上的保守精神，又熱衷於應用取長補短之主義。某年的敕撰歌中有一首題為《寄國祝》的歌有言：

　　採外國之長，葦原舉世失了短節。[90]

　　此歌倒是很好地表現了我國國民的特性。利害得失當前，不論是個人還是國家，是不會忘掉實際主義的。

---

87 克虜伯大炮係德國克虜伯公司（Krupp）製造的後膛裝填炮，炮身首次用鑄鋼工藝製造，有大炮王之稱。

88 阿姆斯特朗大炮係英國人阿姆斯特朗（W.G.Armstrong，1810–1900）於1859年發明的新式膛線尾栓式後裝填炮，在射程、射速和精度上都有很大提高，在1862年的薩英戰爭中，英國艦隊首次使用，重創薩摩藩，使人們意識到「攘夷」之不可能。

89 正宗（Masamune）係日本歷史上著名刀工，後來「正宗」成為名刀的代名詞。

90 「葦原」即《古事記》和《日本書紀》中所見「葦原之國」，日本舊稱，此處係雙關語，暗諷過度西化。

四 | 愛草木，喜自然

氣候溫和，山川秀麗。春有百花開，秋有楓葉紅，四季風景如畫，美不勝收。在這樣的國土居住着的人，自然而然會執着於現實生活。四周的風光就客觀地橫亙在那裏，一切都在笑，那裏的居民也當然是會笑的。反過來說，熱愛現世，享受生活的國民，熱愛天地山川，憧憬自然也就再正常不過。在這一點上可以說，東洋諸國國民和北歐地區等人種相比，多享有一份來自上天的福德。尤其是我們日本人對花鳥風月的親近和喜愛，可以從生活中的各個方面看到。

在上代，衣食住方面的材料，多取自我國國土上繁茂的植物界。不論是叫作「千木高知」的「千木」，還是叫作「太敷立」的「宮柱」，這些東西都是木材自不必說，而且還都是以藤葛捆綁在一起的。即所謂「綱根無緩」[1]中的「綱根」。楮衣之白妙，麻衣之粗染，都是以草木汁液做染料的摺染衣。從衞矛、石松等樹上取下蔓草，既用作假髮也用作衣袖束帶。像外國人或者野蠻人那樣飾鳥羽、穿獸皮的一個都找不到。少彥名神[2]之「以鷦鷯翅為衣」，係孤例，黑川翁[3]解釋說這是從外國來的人，所以才有這種

1　《大殿祭祝詞》。

2　日本神話中的神。《古事記》記載為神皇產靈神之子，《日本書紀》記載為高皇產神靈之子。

3　即黑川真賴（Kurokawa Mayori，1829–1906），日本江戶時代至明治時代國學家、詩人。芳賀矢一此處所言見《黑川真賴全集》第四卷《歷史・風俗篇》（黑川真道編，東京國書刊行會，1910）。

打扮。從「鸕羽草葺不合尊」[4]這個名字的緣起可以知道，曾經有過用鸕羽裝飾屋頂的事。想想看，把居家屋頂做成鸕羽屋頂該是多麼優美別致。這和歐洲人把鹿角擺放在走廊，趣味是不同的。以梓木、櫨木、檀木做弓，以柳木、篠木做箭。柳木是做箭的材料。祭祀用的葉盤葉碗，似以樹葉編成，如今的「茅卷」和「柏餅」[5]依然保留其遺風。《萬葉集》中有「在家盛飯有笥器，羇旅則用椎葉裏」[6]的句子，從中亦可窺見上代的生活風俗。繁茂植物無所不在的國土，給國民提供了有關衣食住的全部材料。

西洋人的著述中，常見其對日本女孩着用的和服圖案之美發出歎賞。但是，若看看日本秋季的野外景色，就會發現遠比和服更美。服裝自然而然地受到大自然色彩的影響。無論是從前的摺衣，還是現今的長袖和服袖部圖案以及下擺圖案，在這方面無不如此。從印染着大朵大朵的菊花、櫻花、梅花以及牡丹花的縐綢、友禪絲和素花緞織成的和服帶，到木屐帶的端頭，處處飾有自然界的各種花草圖案。並且，各種配色的命名，也多取自於植物類。比如櫻色、桃色、棣棠色、栗色、葡萄色、黃櫨色、木蘭地、朽葉色等等。舊時女子裝束中的重櫻、重梅、重棣棠等圖案，其疊色搭配也總是源自春夏秋冬各季應時花色。衣上有海浪

---

4 全稱「天津日高日子波限建鸕草葺不合命」，「尊」與「命」通，日本皇室的祖先神，天照大神之父。

5 「茅卷」（Chimaki）係粽子，「柏餅」（Kashiwamochi）係槲葉年糕。

6 原句「家なれば 笥に盛る飯を 草枕 旅にしあれば 椎の葉に盛る」，見《萬葉集》第142首，有馬皇子作，描寫流放途中的感傷。

圖景，腰帶上飾以蔓藤花樣。如果説女裝風格優雅本該是理所當然的事，但武士啟程上陣參戰的鎧甲裝束中，也有小櫻縅[7]、澤瀉、長壽等堪稱十分優美的裝飾。總之，我國的鎧甲盔甲之美，與當時平素着裝的服飾華美相映成趣，美麗非凡，絕非西洋式甲胄外殼及鎧甲本體可比擬。西洋式鎧甲統統顯示為西洋式服裝造型，而我國鎧甲卻處處保持着衣冠束帶式風格。胴體部繪有蔓藤，下擺飾有蝴蝶或者菊花。直垂[8]上的菊花綴，甲胄袖扣墜的名稱以及盔甲形制分類中的杏葉[9]、草摺[10]、菱縫板[11]等等，所用名稱亦無不優雅。馬鞍上也飾着珠光貝殼和散落的花朵類。馬口鉗中，也有杏葉鉗。平治之戰中有如下描寫：

　　左衞門左重盛，年二十有三，今為軍中大將，身着赤地錦直垂，散發櫨香的鎧甲，下擺上飾有蝴蝶，繫上龍頭兜緒，佩上小烏刀，背起切符箭，拿起滋藤弓，將柳葉櫻花圖案的螺鈿鞍扣在黃月毛馬背上，縱身上馬，馳騁而去。[12]

一谷合戰中有如下描寫：

7　縅，日本字，穿連甲片的絲線，作動詞意指用絲線穿連甲片。

8　方領、無徽、帶胸扣、下擺披進褲裏的武士禮服。

9　用來胸前結緒的非常藝術化的鎧甲。

10　腿甲。

11　鎧甲數層甲板中最下層板。

12《平治物語》卷二。

兒子小次郎直家，下身着澤瀉摺直垂，上身着繩紋鎧甲，乘上名為西樓的白色桃花馬。小旗鞦韉直垂，黃色碎櫻花底上帶有花紋的鎧甲，乘上黃兔褐毛馬。[13]

上述這些描寫，總是令人不由得生出類似在欣賞極盡色彩之能事的土佐繪[14]的那種感覺。正因如此，也就跟「風吹勿來關」[15]或「行暮樹下影」[16]這類詩句非常吻合。若是西洋的那種蝦殼狀鎧甲，就不協調了。即便是軍陣中的標旗，也並不畫獅頭鬼首，而是裝飾上蝴蝶、龍膽葉或慈姑草狀的花紋。皇室的紋章也用菊花和梧桐，德川家的家徽為葵。在現今常見的家徽中，以桔梗、櫻花、梅花、慈姑、葵、牡丹、常春藤、構木葉、紫藤、松等類為數最多，也便是自然而然的結果了。

若想知道我等日常生活中對植物界及自然界的趣味達到何樣濃厚程度，看看食物類便一目了然。首先，春分時節有牡丹餅，秋分時節又有萩餅，只要瀏覽一下點心舖的目錄，便會發現得更

---

13 《平家物語》卷九。

14 土佐繪是從中世到近世即公元14世紀到19世紀中葉的大和繪 —— 日本畫的一個流派，該流派的主要代表人物皆為宮廷世襲畫家，畫風以艷麗著稱，對日本近代美術也產生了極大影響。

15 日本平安時代武將源義家（Minamoto no Yoshiie，1039–1106）的名句：「風吹勿來關，途道山櫻散」（原文：吹く風を勿来の関と思えども道もせに散る山桜かな），收入《千載和歌集》。

16 日本平安時代武將平忠度（Taira no Tadanori，1144–1184）的最後歌句：「行暮樹下影，今宵花主迎」（原文：「行暮れて木の下影を宿とせば花や今宵の主ならまし」），語出《平家物語》卷九。

多。松風、磯松、桃山等常見的名稱自不在話下，除了椿餅、紅瞿麥餅、鶯餅之外，還有取自自然界的名稱，如洲濱、時雨、越雪、落雁、鹽釜、碎石等類。不僅是名稱，在造型上取自花木的也多。乾點心類姑且不論，那些叫作松葉或菊花的統統都做成花木的形狀。從藤村目錄[17]中還會看到更為詳細的名稱。年糕小豆羹等也按十二個月分別有不同的雅名。不僅與飲酒無關的點心有這些名堂，酒類更是如此。既有櫻正宗，也有菊正宗，還有劍菱和山川白酒。雖說如今的儀式上依舊以蓬萊島台[18]做裝飾，但在魚類菜餚中，亦顯示着與植物界和自然界的親密關係。生魚片和壽司的盤配中，鋪襯細竹之葉，裝牡丹餅的套盒裏，也以南天竹葉襯底。雖說這些來自祛毒之說或某種巫咒，卻還保留着葉碗葉膳的餘韻。花影樹形被金漆彩繪裝飾在餐具上，草木花鳥在漆器陶器等各種美術工藝品上更是大放異彩。這些地方，作為裝飾美術也給近世歐洲美術施以不小的影響。把茶道中使用的茶盒稱作棗[19]是理所當然的，而俗語將茶匙叫作「蓮花」也很優美。

西洋人眺望着日本庭院，坐在日式坐墊上，初次享用日本料理，當會感受到日本居室內的生活與花草樹木豐富的自然景觀是怎樣的渾然一體。料理店名紅葉館。走進去，壁龕裝飾着花鳥彩

---

17 藤村指點心舖「茶丈藤村」，位於滋賀縣大津市石山寺旁邊。「藤村目錄」即該舖點心單子。

18 蓬萊島台係婚慶等儀式上的裝飾物，小架之上承木盤，上置松竹梅或龜鶴等飾物，因取蓬萊山之形，故有蓬萊島台之稱。

19 因茶盒漆紅而似棗形，又裝在紅色織錦袋裏，故稱作「棗」。

圖或水墨山水畫。壁龕處的插花雖說不上是哪個流派，卻插得別致優雅。楣窗上雕刻着蔓藤或竹梅等圖案。裏外周旋的女僕身着下擺呈各式花樣的和服。若問那些花案的名稱，那麼便會告訴你說這叫花，那叫松，叫梅，叫菊，叫蝶。

因為喜愛花草之美，所以女人名字多取自溫馨美麗的花名。自古以來，美人與花就不曾離開過這個國家的文學。既以花喻美人，也以美人喻花。在《日本紀》[20] 和《古事記》的詩歌中，早已將美人比作櫻花，比作單株葲衣草，甚至比喻成蘿蔔。比作蘿蔔當指皮膚白皙。《源氏物語》對紫姬描寫道：

氣度高雅，容顏清麗，似有幽香逼人。教人看了，聯想起春晨亂開在雲霞之間的美麗的山櫻。[21]

而對明石姬的描寫則是：

倘把以前窺見的紫姬比作櫻花，玉鬘比作棣棠，那麼這小女公子可說是藤花。藤花開在高高的樹梢上，臨風搖曳的模樣，正可比擬這個人的姿態。[22]

20《日本紀》即《日本書紀》。

21 語見《源氏物語》原作「野分卷」，此處採用豐子愷譯文（北京：人民文學出版社，1982），參見第二十八回《朔風》。

22 同上。

如此這般，將處子美人比作鮮花的描寫隨處可見。即便是描寫男子，在把源氏與頭中將作對比時，也是「這位頭中將的丰姿與品格均甚優雅，迥異凡人；但和源氏中將並立起來，好比櫻花樹旁邊的一株山木，顯然遜色了」。[23]

《堤中納言物語》中有如下描寫：

「你看這些花做何感想？」

一經向大家提及將花喻人的話題，命婦君便搶先說：「蓮花恰似我所侍奉的女院。」

大君接道：「開在草影下的龍膽花實為美麗，正如一品宮。」

中君道：「玉簪花可喻為皇太后吧。」

三君接道：「華麗的紫苑，可喻皇后。」

四君道：「中宮常使其父命讀易經並作祈禱，其態可似桔梗？」

五君道：「四條宮女御常說露草之露映朝夕，誠然如此。」

六君道：「垣下的撫子花比作帥殿如何？」

七君道：「刈萱的妖豔嬌媚恰如弘徽殿女御。」

八君道：「宣耀殿女御以菊喻之如何？因其為帝之最愛。」

九君道：「麗景殿女御身姿恰似穗芒。」

十君道：「淑景舍女御慨歎牽牛花為昨日花，此花非其莫屬。」

---

23 語見《源氏物語》原作「紅葉賀卷」，此處採用豐子愷譯文（北京：人民文學出版社，1982），參見第七回《紅葉賀》。

五郎君道：「御匣殿姑且喻做原野胡枝子。」

東殿君道：「淑最〔景〕舍三妹君雖無大誤，然頗似勿忘我草。」

堂妹道：「尊四妹擬芸香。」

姬君道：「右大臣殿容姿百看不厭正如女郎花。」

西殿君道：「女郎花比作帥宮太太是否更合適？」

伯母君道：「左大臣府姬君貌美賽過吾木香。」

……（中略）……

北君問：「那麼齋宮何以似？」

小命婦君接言道：「好花已用盡，姑且擬以簷頭山菅。如此說來，方才提及的我所侍奉的帥宮太太正是芭蕉葉。」

新娘君道：「中務宮太太比作招尾花吧。」……**24**

　　其他的例子亦不勝枚舉。俗語說的瓜子臉，雖也是用以形容美人，但也並不僅限於形容美人。瓢形臉等說法，也還是沒能離開植物界。

　　插花之術、箱庭製作以及盆景山水等皆為我國人特有之技藝，發展獨特。繪畫中生動鮮豔的花木色彩和鳥禽的翔舞等，在看慣西洋靜物的眼光看來，定會感到新穎珍奇，別開生面。不論插花還是作畫，那是一種活靈活現、一切盡在自然中之美。把枝

24《堤中納言物語》，平安時代後期到鐮倉時代初期即 11 世紀到 13 世紀的短篇物語集，由十個短篇和一個斷章構成，作者不詳。該段引文見《堤中納言物語》中的《花田之女》（はなだの女御）篇：一群姊妹聚集在一起議論各自服侍的后妃，一個跟她們當中多人暗通的男子卻在一旁偷聽。

葉去掉而只留下花，那是西洋的花瓶，然而日本人的長項卻是借助自然根枝的本然姿態，使其與天地渾然一體，不論插花還是盆景都是如此。日本人真乃自然之友，善解自然之心。

日本遊戲中有一種叫「花札」的紙牌遊戲，我想這項遊戲恐怕並非由古來的「貝合」[25]之類演化而來，而是來自西洋的撲克牌。從原來的五十二張牌減少到四十八張，是因為省略去了四張女王牌。我曾就此問題作過考證，文章發表在《教育界》雜誌上。標誌着發生這種變化的中間環節是翻紙牌的遊戲，這種遊戲跟撲克牌相同，從一到十的數字分為四種，其中繪有梧桐與馬的紙牌又各有四張。梧桐象徵皇室，馬象徵武家，即相當於撲克牌中的「王」（King）和小王（Joker）。那麼，王變為梧桐，牌數變成四十八張，剛巧與十二個月相對，再配四季之花，這些正是日本人趣味之表徵。梧桐之類在花卉中並非特別，然而我想，在花札中出現梧桐卻證明了這種遊戲的演變過程及其歷史。將撲克變成花札，即是日本人的趣味體現。這與中古時代[26]的「花札」和「根合」[27]趣味相同。

我國文學作品中對大自然的吟詠之多無須贅言。繪畫以花鳥

---

25 一種以貝殼碰對的遊戲。

26 中古時代是日本史、特別是日本文學史的一個分期，指以平安時代為中心的時期，相當於公元 8 世紀末到 12 世紀末。

27「根合」也稱「菖蒲合」，確切稱呼應該是「菖蒲根合」。參加遊戲的人以雙方出示的菖蒲根為據，根長者為勝、根短者為負。同草合一樣，菖蒲合最早屬於宮廷貴族端午節時玩的遊戲。

為盛，雕刻花鳥多於人物，音樂比之人聲更近於自然音色，而宮殿類朱漆建築，置於繁茂松杉背景之中則益顯其美，所以建於市街中的神田明神和湯島天神等看上去便不甚美觀。由此可見，自古以來，我國文學尤其長於讚詠自然之美，且以此為生命。自上古至近世，和歌大半是花鳥風月之題詠。

雖雪春意早，凍淚鶯鳴消。[28]

秋夜秋蟲鳴，方曉不知曉，感時蟲有心，代我訴悲情。[29]

諸如此類，日本人是化作鶯鳥和蟋蟀在吟歌詠詩的。在散文中也將鹿、瀑布、草、蟲等所有景物視為與我等同樣的有情之物。如：

山風呼呼，其音淒厲；松濤萬頃，奔騰澎湃。[30]

群鹿被寒風吹逐，都傍着籬垣彷徨，或者躲入深黃色的稻田

---

28 語見《古今和歌集》卷一，二條皇后作，原文：「雪のうちに春は来にけり鶯のこほれる涙今やとくらん。」

29 語見《古今和歌集》卷四，藤原敏行作，原文：「あきの夜の明くるも知らず鳴く虫はわがごと物や悲しかるらん。」

30 語見《源氏物語》原作「夕霧卷」，此處採用豐子愷譯文（北京：人民文學出版社，1982），參見 816 頁。

中，不怕驅鳥器的聲響，引頸長鳴，令人聽了發愁。瀑布之聲不斷轟響，更使愁人增悲。只有草叢中的秋蟲唧唧之聲是微弱的。龍膽從枯草中突出，表示唯我獨長。這些帶露的花草，都是秋季照例應有的景色，但在此時此地看來，覺得特別淒涼難堪。**31**

在修辭學中，這種描寫稱作擬人法。擬人法也就是將天地自然與人一視同仁。人與天地自然融為一體。而與天地融為一體，乃我和歌的生命之所在，也是以和歌為基礎的諸多文學的生命之所在。前面說到將美人容貌喻花，這並非只限於外形上的表述。表達人的情感，也都以自然景色來呈現。所謂淚瀑，所謂袖雨，所謂露袂，所謂花心，所謂戀之山路，所謂空煙，所謂頭雪，所謂消入，所謂時雨，**32** 這些描寫自然景色的詞語，皆可直入吾人表達情感的語言。

冷露淒風夜，深宮淚滿襟。遙憐荒渚上，小草太孤零。**33**

縱然伴着秋蟲泣，哭盡長宵淚未乾。**34**

---

31 同上，參見 837 頁。

32 「淚瀑」「袖雨」「露袂」形容流淚；「花心」形容愛花、惜花；「戀之山路」是將戀愛比作山中迷路；「空煙」指人死火葬，化作青煙；「頭雪」為滿頭白髮之意；「消入」意謂失神，背過氣去；「時雨」謂寂寞、感傷。

33 語見《源氏物語》原作「桐壺卷」，此處採用豐子愷譯文（北京：人民文學出版社，1982），參見 7 頁。

34 同上，參見 9 頁。

讀了這樣的歌句，任何人都能立刻領會其在表達怎樣的人事情結。將人事與自然相對照，由人生而即刻聯想到自然，又由自然而即刻思及人生。這一點，始自和歌而貫穿我國文學全體，構成了軍記、謠曲、淨琉璃等一般文學的根底。說到「秋風」，會聯想到寂寞；講到「春雨」，會有溫暖安靜之感。和歌的詞語已成為一種定式，具有使人產生情景聯想的力量。俳句利用這一特點，得以發展成十七音的短詩形式。**35**

因此，《源氏物語》中的景物描寫，力求與人物境遇相吻合，煞是費了一番苦心。「紫兒卷」描寫春天景色，喻示紫姬尚處花蕾芳齡。「蓬生卷」以豬狹狹草之茂盛，喻示常陸宮的落泊潦倒。「早鶯卷」以正月景象表現公主的成長。「楊桐卷」在初夏的景色中插入白居易的詩句，用以表現風流雅士的聚會。這些描寫，文才高妙，趣味橫生。

「桐壺卷」中，更衣之死，伴隨秋日哀緒，長恨綿綿，無盡無休。「夕顏卷」主人公的一生正如夕顏花一樣紅顏薄命。通篇皆是此種主義。最後，「魔法使卷」在描寫紫上歸西後的源氏時，通過敍述一年四季的景色各異，描寫源氏觸景生情中對紫上的懷念。如果從《源氏物語》中去掉景物描述，那麼這部作品將會變得毫無價值。居住在源氏六條院裏的女性，各有其春秋季節偏愛，其性情亦同樣表現在相應的季節偏愛裏。總而言之，中古物語由歌物語演變而成，和歌是其源泉。面對自然的抒情詩，構成了作品

---

35 參見本書第 76 頁譯註 43「俳句」和第 90 頁譯註 55「《萬葉集》」。

的半邊天。即便是軍記物語，也因有這樣的景物描寫而生彩。軍記物語的一半，是中古物語的摹寫。謠曲中蘊含着豐富的敍景抒情元素也無須贅言。謠曲文體的另一面，完全是和歌的興味。其後的淨琉璃戲曲和民間俗謠，也都不失這整體一貫的性質。戲曲劇目名稱也大多使用和歌中的成句。和歌中的戀歌，當初也有脫離景物只單純地表現心情描寫的作品，但後來就必帶寄詠花鳥風月的內容了，到了俳句，便至沒有季語不成句的程度了。

　　春秋之爭，早在神話時代已由春山霞男和秋山之下冰男二人 **36** 表現出來了，到了《萬葉集》裏，便有了額田王的句子：「紅葉摘來賞，吾仍愛秋山。」**37** 而在《源氏物語》的六條院裏，則體現着紫姬和秋好中宮對春秋的各有所好。說到對四季風景的描述，繼清少納言寫出「春天是破曉的時候最好」**38** 之後，兼好法師 **39** 又寫出了「四季嬗變，物各有顯，嬗變而逝，孰能無感」**40** 的

---

36 這二人是兄弟，「春」為弟，「秋」為兄，為爭一女而發生爭執。故事見《古事記》卷中「鷹神天皇」，可參見周作人漢譯（北京：中國對外翻譯出版公司，2001）112–113頁。

37 語出《萬葉集》卷一，第 16 首，額田王作。

38 該句係《枕草子》首句，此處譯文取自周作人的漢譯本（北京：中國對外翻譯出版公司，2001）第 3 頁。

39 兼好法師通稱吉田兼好（Yoshida Kenko，約 1283– 約 1352），日本鐮倉時代末期歌人、隨筆家，因由官員而為僧人，故有法師之稱，是著名隨筆集《徒然草》的作者。

40 語見《徒然草》第十九段，又，《日本古代隨筆選》（周作人、王以鑄譯，北京：人民文學出版社，1988）也有譯文，可參照。

句子，此外，貝原益軒[41]亦有四季之論，室鳩巢[42]也論及春秋之爭，如今都經常應用於教科書中。四季風光，一日不曾於我國民腦中離去。體會四時景色與人間世事的關聯，即是對「物之哀」[43]的領悟。源義家、源賴政、平忠度作為日本武士之所以能令人感到溫雅謙和，就是因為他們懂得這物之哀的緣故。有關太田道灌的「空無花種何傷悲」的故事，[44]雖說並非史實而只是傳說，卻也正因為他是個喜歡作和歌的武士，才有了這樣的傳說。無論是賴朝、尊氏還是秀吉，閒暇時都玩風雅之技。狂言中的萩大名，身為大名卻不解風致，所以才讓人感到滑稽。連歌盜人，雖是盜人

---

41 貝原益軒（Kaibara Ekiken，1630–1714），日本江戶時代前期的儒學者、教育家和本草學者，著作有《慎思錄》《大疑錄》《大和本草》等。

42 室鳩巢（Muro Kyuso，1658–1734），日本江戶時代中期儒學者，做過加賀藩和德川幕府的儒官，著有《駿台雜話》《六諭衍義大意》《赤穗宜人錄》等。

43 日本的美學理念之一，無名的感傷、深切複雜的情感、優美、纖細、沉靜、關照等理念皆包含其中。

44 太田道灌（Ota Dokan，1432–1486）係日本室町時代武將、歌人，任扇谷家家主上杉定正（Uesugi Sadamasa，1443–1494）的家宰（門臣總管），善於用兵和築城，其主持建造的江戶城最為有名，最後因被主公懷疑擁兵自重而被暗殺。傳說他有一天去狩獵，遭逢陣雨。正巧看見一間殘破的小屋，便擠了進去。道灌大聲喊道：「突逢大雨，可否借我一件蓑衣？」聽到他的喊聲，沒過多久一個少女便走出來，她一聲不吭地遞上一朵棣棠花，卻不是道灌想要的蓑衣。不明白其中含義的道灌勃然大怒，說：「我要的不是花！」便怒氣沖沖地冒雨而去。當夜，道灌對手下人說了這件事，其中一個家臣告訴他那個少女是藉《後拾遺集》裏醍醐天皇的皇子中務卿兼明親王的歌句來暗示她窮得連一件蓑衣都拿不出來。聞此言，道灌非常震驚並為自己的無知感到羞恥，此後就不斷地學習，努力提高自己在和歌上的造詣。按：原歌句為「七重八重花は咲けども山吹のみの一つだになきぞ悲しき」，意謂「棣棠花開得如此絢麗，卻結不下一粒種子，真令人傷悲」，在日語中表示種子的「實」字與表示蓑衣的「蓑」字同音，故少女借助花無種而表達沒有蓑衣的困窘。

卻識得風雅情趣，其中的矛盾令人發笑。[45] 所謂風流，所謂詩意，其大半來自對自然的憧憬。日本人的武士道，雖不像西洋騎士道那樣去崇拜女人，然而卻喜愛自然之花，懂得物之哀。

這還不僅限於英雄豪傑。在世界上恐怕不會有像日本這樣全體國民都具有詩人氣質的國家了。歌心人皆有之。而今日本當有多少作歌之人呢？宮內省[46] 每年收到的進呈歌詠作品多達數萬首。即便不作歌，也會作俳句。無論是在怎樣偏僻的鄉下，都會有俳句大師。開菜店魚店的自不必說，開當舖的、放債的，手低興高的俳句愛好者比比皆是。各地神社中獻納的匾額上，隨處可見小詩人的名字。由於是短小易作的短詩形式，也倒無須作得漂亮，誰都可以作，亦可助賞花遊山的一時之興。賞花、賞雪又賞月，春有春花、秋有紅葉，小詩人們都忙得不亦樂乎。就連作惡多端被判處死刑的大惡人，也要在臨終前吟誦一首，這在別國恐怕是沒有的吧。真可以說，我國舉國都是抒情詩人和敍景詩人。

---

45 連歌是盛行於日本平安時代和鐮倉時代，即公元 8 世紀末到 14 世紀中葉的詩歌形式，按照和歌特有的五七五和七七音節的韻律，多人連句，結為長歌。「連歌盜人」為狂言劇目《連歌盜人》的兩個登場人物，皆為連歌高手，卻因貧困而在輪流當值舉辦連歌會時拉不起場子，此時二人想到了連歌伙伴中的一個有錢人，就到那人的家裏偷東西，哪成想因看到神龕裏寫在懷紙上的歌句而着迷，竟忘了要去做什麼，而認認真真地連起歌來，主人雖發現兩人前來盜竊，卻因他們連句的高超而原諒了他們，上酒請客，還以大刀等寶物相贈。

46 按照古代律令制所設八省之一，專司宮廷修繕、飲食、清掃和醫療等所有庶務並管理天皇財產的機構，1949 年以後改稱宮內廳，沿用至今。

因此，我國國民若隱居便侍弄盆景，或在作歌和插花中尋求慰安。過去甚至有人願以無罪之身前往流放地賞月，**47** 倘說日本人厭世，那麼便是在風流三昧中度日。西洋所謂的厭世，便真的是厭倦這世上的一切，除去自殺無法可想。日本人的厭世是厭倦人事社會的喧囂而要遠離這個人事社會，通過接近花鳥風月而使自己的厭煩消失。西行法師雖說遁世，卻終生雲遊四方，觀花賞月。**48** 鴨長明常常以為世間索然，從《方丈記》來看，他滿足於身居庵室，欣賞自然。**49** 雙岡的兼好法師由於還不是徹底的厭世，故不在問題之內。**50** 此外，不論是深草的元政上人 **51**，還是去今不遠的

---

47 意謂在流放地那樣的閒寂之地賞月會更有遠離世俗的情趣。

48 西行（Saigyo，1118–1190）是日本平安時代末期的著名歌僧，出身名門望族，姓藤原，俗名佐藤義清，早年為鳥羽天皇的武士，二十三歲時因有感世間無常而出家為僧，先後隱居高野山和伊勢，並雲遊陸奧和四國，長於以和歌述懷，有九十四首和歌被選入《古今和歌集》，為入選篇數最多的歌人。著有《山家集》。

49 鴨長明（Kamo no Chomei，1155–1216），日本鎌倉時代初期歌人隨筆家，出生在下鴨神社的神官之家，長於管絃，又學歌而為歌人，後來出家隱居大原山，此後又在日野山建方丈庵，並以此命名晚年所作隨筆集。《方丈記》完成於 1212 年，是日本第一部以漢字和假名即所謂的「和漢混淆體」寫成的隨筆集，與百年之後出現的吉田兼好的《徒然草》和清少納言的《枕草子》並稱日本三大隨筆，其以佛教無常觀為本，通過種種實例表現人生無常的主題，又在後半部分描寫了自己的草庵生活，被稱為日本隱居文學的鼻祖。

50 雙岡的兼好法師，即後世所稱吉田兼好（Yoshida Kenko，約 1283– 約 1352），日本鎌倉時代末期歌人，初為二條天皇武士，天皇崩後出家遁世，專心於和歌創作，其隨筆《徒然草》為日本三大隨筆之一。雙岡位於京都市內，為兼好憧憬的葬身之地。文中說他不是徹底厭世，似指他晚年與武家政權的接近。

51 元政（Gensei，1623–1668），日本江戶時代初期日蓮宗高僧，因居住京都深草而被稱為「深草上人」，以國學、和歌、茶道著稱。

太田垣蓮月[52]，雖厭倦躋身塵世，卻另有自然這一樂園，無須去跳進那華嚴瀑布的瀑壺或阿蘇山的噴火口。

52 太田垣蓮月（Otagaki rengetsu，1791–1875），日本江戶時代末期尼僧、歌人、陶藝家，有歌集《海人刈草》。

五 ｜ 樂天灑脫

「若無美酒相伴，賞櫻何趣之有？」[1] 這諺語與《萬葉集》中大伴旅人的讚酒歌是同一思想。[2] 倘能面對自然景色，快樂一生，則此生足矣。厭世自殺不是日本人性格中的氣質成分。「酒」這個詞的詞根 Sak，恐怕與「櫻」——Sakura——出於同一詞根。而「幸」（Saki）、「榮」（Sakae）、「盛」（Sakari）等都出於同一詞根則肯定沒錯。櫻花綻滿枝頭的瞬間美麗，會令人聯想到繁榮昌盛和富貴榮華，由於是和飲酒時的心境愉悦屬於同一性質，因此，我認為是由同一詞根衍生了「酒」和「櫻」這兩個詞。櫻花是日本的國花，諺語有「花得是櫻花，人得是武士」的説法，櫻花也是我國軍人帽徽的圖案。有人説，櫻花倏忽間縱情綻放，又毫無眷戀地隨風飄逝，與武士壯烈奮戰不懼生死的品格極其相似。不過我認為本居宣長的「若問敷島大和心，朝日映射山櫻花」[3] 的歌句，倒是表現了日本人的樂觀天性。也就是天真爛漫那種意義上的性質。他從短暫而絢麗的開放與坦蕩當中發現了那活潑的性情。日本人專注於現世而並不把自己屈託給死後之未來，不喜歡在微不足道的瑣事上斤斤計較憂心忡忡。活潑好動是其本色，不拘泥於事物是其特色。正因為有了這種精神，才能一朝有事而奔

1　日本諺語，最早出自川柳（一種十七音節的短詩）短句，後經落語（相聲）的傳播始成有關賞花的諺語。

2　大伴旅人（Otomo no Tabito，665–731），日本奈良時代初期政治家、歌人，官至從二位，任大納言，相當於唐制宰相副職，即所謂「亞槐」。《萬葉集》收其和歌七十八首，其中十三首為讚酒歌，表現了其對酒的酷愛；其子大伴家持亦官至大納言並以「歌仙」著稱，是《萬葉集》中收錄歌作最多的詩人。

3　參見本書第 48 頁譯註 38「若問敷島大和心」。

赴戰場，才能勇往直前，才能勇敢善戰，才能英勇獻身。我以為，只有這樣來解釋上面「大和心」的歌句才合適。童話《花爺》[4]和這首大和魂之歌一樣，都表現了日本人的特性。這種快活的精神，距強烈的宗教心甚遠，亦與深層思索無緣。我國的神話因此而樸素單純，我國的文學亦因此而缺乏幽玄與深刻。西洋人將人的氣質分為四種：粘液質、膽汁質、抑鬱質和多血質。表現多血質型的圖案，是頭戴花環手持酒杯充滿活力的青年，其附屬物是大鼓、假面和落在花間的蝴蝶。而這不正是表現日本人性格氣質的圖案嗎？

文學家亦有各種不同的類型。同樣是觀察現實世界，對其缺欠和不盡人意感到不滿，熱情主張要用自己的理想去改造世界的是悲愴型，看到這個世界有悖自己的理想，便一味去冷嘲熱諷的是諷刺型，悲泣自己理想喪失的是輓歌型。第一種類型憤世嫉俗，第二種類型強烈譴責社會，第三種類型則黯然神傷。也就是說，第一種和第二種類型是膽汁質，第三種類型是抑鬱質。而又

---

4 《花爺》(原題『花咲き爺』) 是流傳日本民間的一個勸善懲惡的故事：一對老夫婦撿到一條白犬，善待如子，白犬在老夫婦的田里找到了金幣，老夫婦大喜，把金幣分給眾鄉親，從而引起了他們鄰居夫婦的嫉妒。後者拐了白犬，令其也為自己在田里找寶，找出來的都是些土瓷的碎片，鄰居夫婦大怒而殺了白犬。老夫婦悲痛欲絕，把白犬葬在院內，日夜守護，風雨無阻。當他們栽種在墓旁那棵樹木成材時，白犬出來託夢，說可伐倒造春年糕的木臼。老夫婦遵囑去做，果然從木臼中湧出金銀財寶，於是鄰居夫婦就又把木臼燒了，老夫婦則供起木灰，而白犬又託夢而出，讓老夫婦把木灰灑在枯樹下。老夫婦照做，枯樹綻放出絢麗的櫻花，感動了樹下經過的大名，褒獎了老夫婦並懲罰了那對惡鄰夫婦。1901年田村虎藏作詞，石原和三郎作曲，把該民間故事譜寫成童謠，收錄在《幼年唱歌初編》下卷裏，至今還是棒球比賽的拉拉隊歌。

有叫作幽默家的人，居高臨下看世界，以為世間本來就是如此，人類世界並不存在盡善盡美，因此也就將不平或不滿付之一笑，並不要去改造世界，而是要在這世界本來的狀態中尋出一道光明來。這種類型傾向於粘液質性格。這幾種類型都對世界有着深刻的觀察，並以自己的理想為準繩來俯瞰世界。然而，我國的文學大抵沒有如此深邃的思索。諸如井原西鶴[5]那樣的文人，雖不乏諷刺和諧謔，但並不具備沉痛而真摯的性情，也還是樂天氣質，屬於以樂觀心態看待世界的那種性格。在日本人的性情中，很少有對世界黯然生氣、黯然悲哀、黯然嘲笑、黯然以居高臨下的姿態去審視的痕跡。這也是我國文學之所以單純的原因所在。

天照大神躲進天岩洞時，豐蘆原中津國陷入漫漫黑夜。八百萬眾神共同獻策，奏歌載舞。此時，「天宇受賣命以天香山的影蔓束袖，以葛藤為髮鬘，手持天香山的竹葉的束，覆空桶於岩戶之外，腳踏作響，壯如身憑，胸乳皆露，裳紐下垂及於陰部」。[6]

於是，眾神哄然大笑，天照大神終於被笑聲引出天岩洞，重返世間。這是何等天真無邪的神話呀！海幸與山幸相爭，當哥哥

5　井原西鶴（Ihara saikaku，1642–1693），本名平山藤五，是江戶時代的浮世草子和人形淨琉璃的作者以及俳句詩人。別號鶴永、二萬翁。「西鵬」為其晚年所用名號，嘲諷當時第五代將軍德川綱吉因溺愛女兒鶴姬而下令不許平民使用「鶴」字。其作品以雅俗兼容著稱，題材廣泛，分「好色」「武士」「町人」和「雜話」等領域，具有很大影響，被後人稱作「元祿文豪」。

6　天照大神與天岩洞的故事參見本書第 45 頁譯註 30「岩洞」。此處引文出自《古事記》卷上，取周作人漢譯（北京：中國對外翻譯出版公司，2001 年，14–15 頁）。

火闌降尊向弟弟道歉時，「手足同舉，狀若俳戲優」[7]，讓人同樣覺得滑稽。雖然現在對平安時代的神樂不怎麼了然，但《宇治拾遺》中出現的行綱家綱的故事也令人發笑。弟弟行綱盜用哥哥家綱的趣向：

實在冷得不行，就把褲筒捲過膝蓋，直至腿根，露出細腿，一邊哆哆嗦嗦着聲音說「深夜冷，深夜寒，圍着熱火暖金蛋」。[8]

一邊說着，一邊繞着篝火轉了十二三圈，逗得上下一片哄笑。天岩洞與神樂有異曲同工之妙。在文化尚未開化時代，喜愛低俗滑稽為世界各國的普遍現象，不過這一嗜好至今仍保留在禮節嚴謹的日本人當中。熟人走到一起，講些葷段子，即便是在那些被稱作紳士的人們之間，該說也還是要說的。這或許也是導致在社交方面沒有異性交往的原因之一。粗口原本不是值得讚賞的事，也不是值得鼓勵的事，不過從另一方面看，或許表現了日本人的天真爛漫和樂天知命的品性也未可知。西洋人從不在他人面前裸露肌膚，在女人面前哪怕提到一個「腹」字都要捱罵。也許

---

7 《日本書紀》神代卷。哥哥火闌降尊在《古事記》中叫「火照命」，管海而收穫「海幸」，弟弟火遠理命管山而收穫「山幸」，某日兄弟二人互換工具，交替所獲，結果弟弟不僅一無所獲，還弄丟了哥哥的魚鉤。弟弟毀劍鑄鉤，卻賠多少都不行，哥哥只要原來的那支鉤。弟弟無法，只好下海去尋，得了海神的幫助並娶了海神之女，帶着懲膺的法力回來復仇，哥哥認輸，以戲子狀道歉，成為伶人祖先。

8 參見《宇治拾遺物語卷第五》。「金蛋」日語原文寫作「金玉」，指睪丸。

是和氣候、服飾有關，日本人對於裸露肌膚之事抱寬容主義的態度。在有身份的人面前赤身裸體，當然是失禮的，但相撲力士們卻可以光着身子出現在任何顯貴面前。洗澡堂混浴也絲毫不會令人大驚小怪。在鄉村的街上，浴桶就放在路旁，可以經常看到有人在那裏洗浴。海邊的漁夫們甚至連陰部都不遮掩。那些對日本一知半解的西洋人在書裏稱，日本女人過多地將肌膚外露是道德感落後的表現。但這卻是碧眼人的皮相之見。日本女人的貞操觀要比西洋人進步得多。忌諱裸露肌膚的西洋人讚美裸體畫，而不在意裸露肌膚的日本人對之大皺眉頭者卻不乏其人。這完全是習慣不同所致，裸體與道德是兩個不同的問題。

　　鳥羽僧正有放屁大戰的繪卷，[9]《大鏡》中也有藤原時平公在菅公面前講放屁笑話的記載，[10]《今物語》裏也有這樣的故事，寫了一個名叫弘誓房的講經和尚：

　　高堂供佛時，堂內莊嚴肅穆，幕帳隔成的聽聞局內熏香繚繞，眾多聽經者屏息靜氣，正待洗耳恭聽，卻從帳內傳出一聲巨大的屁響。聽眾聞此而皆掃興，講經師馬上圓場，說在放縱邪惡

9　鳥羽僧正（Toba Sojyou，1053–1140），名覺猷，平安時代後期天台座主，畫僧，因受鳥羽上皇厚待，住在鳥羽離宮內的證金剛院而被稱為鳥羽僧正，從事佛像研究與創作，畫風明快簡約，幽默詼諧，現定為日本國寶的《鳥獸戲畫》和《放屁合戰》據說都是他的作品，因而被視為日本漫畫的鼻祖。

10　《大鏡》是日本紀傳體歷史故事，以問答形式寫成，大約成書於平安時代後期白河天皇的院政時期。講放屁笑話見該書「左臣時平」。

之鄉，連個小屁都得不到，而在這聽聞隨喜之局，卻可以佈施大屁。聽聞此言，滿座皆驚，亦覺得不可思議。[11]

其中還有一個故事說，有個講經的和尚，前一天講經時有便感，遂匆匆離開高座適廁，結果只是屁堵而別無他物。次日，出現同樣的緊急情況，則以為又是屁在作怪，心想「隨它去吧」，就抬身給了條道，放它出來。哪成想這一屁竟放出了真家伙，弄得滿堂糞臭。[12] 足利時代的《福富草紙》講有個人靠玩屁術得了富貴，而學他的人卻慘遭失敗。[13] 坊間傳說將軍閣下放屁時，手下人一個出來說沒事沒事，天下太平；一個出來說沒事沒事，武運長久。總之，像放屁這類事原本就是丟人現眼的，以致不少良家婦女因承受不了放屁帶來的難堪而自殺。所謂「兒媳有屁得憋到轉遍五臟六腑」，雖然絕非「放屁生瘡不挑地方」說得那般寬容，但自古就有說屁取樂的傾向。正如川柳[14]短句所言「一人放屁，

---

11 《今物語》是鐮倉時代初期的物語集，藤原信實編，推定成書於 1239 年或 1240 年，集和歌、風流韻事、神祇、滑稽等為一卷。此處引文為其中第五十一話。

12 同上，見第五十二話。

13 足利時代即足利將軍掌權的室町時代（14 世紀末到 16 世紀末），《福富草紙》是這個時代產生的插圖故事書，上下二卷，土佐光信著，主人公福富見鄰居秀武老人靠放屁發了財，也如法炮製，結果卻弄巧成拙。

14 川柳（senriu），參見本書第 76 頁譯註 43「俳句」和本書第 90 頁譯註 55「《萬葉集》」。其形式與俳句相同，只是沒有「季題」和「切字」的規定，多以人情世風為題，調侃人生弱點和世態缺陷，具有簡潔、滑稽、機智、諷刺、奇警等特色，因柄井川柳及其所編《柳樽》六十餘卷最為有名，故名。「川柳」在江戶時代末期走向低俗，被稱為「狂句」。

隨心所欲」，放屁到底是件怕人笑話的事。因此在川柳和狂歌[15]裏有很多便是以放屁做滑稽的材料。風來山人的《風來六六部集》[16]裏就有《放屁論》，藉放屁男成為花開男的話題，大發無用變有用的議論，不過「放屁男」也由此成為觀戲的材料了。在貞德的《油糟》等作品中，也有很多放屁而帶有猥褻意思的句子。[17]俳諧的放縱與和歌的古板恰好構成鮮明對照。《道中膝栗毛》[18]的滑稽故事，有些地方非常露骨。德川時代，伴隨着平民文化的發達，低俗猥褻的趣味橫行於大眾文藝當中乃是顯著事實，不過亦可以由此看出日本人在這方面大體持寬容態度的傾向。

在《今昔物語》《宇治拾遺物語》[19]和《古今著聞集》等作品中，既有相當大膽的故事，也有很多猥褻的故事。但要説熱衷於情慾已經到了言之於口、行之於筆的程度，也倒並不盡然。因為操行並沒壞到能將説不出口的説出來的程度，而處世又很達觀，

---

15 狂歌，即刻意追求諧謔與滑稽的低俗短歌，濫觴於鐮倉、室町時代，江戶時代中期廣為流行。

16 風來山人（Furaisanjin）即平賀源內（Hiraga Gennai，1728–1780）的別號，江戶時代本草學者、蘭學者、文學家、畫家、發明家，《風來六六部集》是其滑稽作品集，安永九年（1780）刊，收《放屁論》《放屁論後編》等六部作品。

17 貞德即松永貞德（Matsunaga Teitoku，1571–1653），江戶時代俳人、歌人，《油糟》收錄於其俳諧集《新撰犬筑波集》上卷。

18 《道中膝栗毛》係十返捨一九（Jippensya Ikku，1765–1831）的滑稽作品集，1802–1909年刊行，全十八冊，講述彌次郎兵衛和喜多八兩人在東海道旅途中所遭遇的種種滑稽故事，至今仍擁有廣泛的讀者。「栗毛」指棕毛馬，「膝栗毛」則指步行、徒步旅行。

19 《宇治拾遺物語》，大約成書於13世紀初的故事集，二卷，編者不詳，收印度、中國和日本各種故事一百九十七條，有不少幽默滑稽的描寫，亦充滿佛教色彩，為鐮倉時代説話文學的代表作。

所以也就很少有對情慾的執着。《古事談》裏有和尚因戀慕進命婦而死的故事，**20** 這和戲劇中的清玄 **21** 一樣，無非是極端地強調一下僧侶也有七情六慾，而日本人卻向來是豁達乾脆的，以致自古以來在文學作品中就很少有那些因失戀而發狂或自殺的事。《竹取物語》中眾人競相求婚，卻因答不上難題而紛紛作罷，沒一個人纏綿不捨。只聽那一句「請不要再走近這裏」，就都頭也不回地離開了。**22** 《萬葉集》中的戀歌，也不過就是下面這種程度：

---

20 故事出自《宇治拾遺物語》，主人公名叫「進命婦」，生得高貴而美麗，往清水寺聽講《法華經》，有高僧八十歲，一生從未接近過酒色，人稱之為聖，卻因見了進命婦而害了相思病，三年茶飯不進，臨終前向聞訊趕來的進命婦如實表白自己的愛慕之心，並叮囑她將來生男就生攝政或關白，生女就生皇后，如果有做和尚的就讓他做大寺廟裏的大僧正，結果都一一應驗。

21 指以清玄和櫻姬為主人公的一系列淨琉璃和歌舞伎作品，淨琉璃以《一心二河白道》為最早，歌舞伎以《櫻姬東文章》最為有名。內容講清水寺和尚清玄迷戀櫻姬的姿色，犯戒，墮落，被殺，而死後仍纏着櫻姬不放的故事。

22 《竹取物語》是日本第一部物語，大約成書於平安時代 —— 公元 8 世紀末到 14 世紀末初期，作者不詳，故事是一對靠砍竹為生的老夫婦，一天在竹筒中撿到了一個小女孩，帶回家精心養育，沒過多久，拇指大小的女孩兒就出落成一個亭亭玉立的美貌少女，取名為「竹仙公主」，而同時老夫婦家也被求婚者包圍得水洩不通。過了一段時間，眾人開始意識到「竹仙公主」的可望而不可得，便紛紛離去，只剩下五位貴公子堅持到最後，照樣每天都來。這時「竹仙公主」提出條件，誰能實現她的請求她就嫁給誰，貴公子們皆曰「然」！結果提出的都是類似讓他們去「摘三兩星星四兩月」的要求，貴公子們方才意識到這是「竹仙公主」在委婉地告訴他們今後「請不要再走近這裏」，於是都悻悻離去。「竹仙公主」的原文為「かぐや姬」，中文有不同譯名，諸如「竹取公主」「輝夜姬」「竹林公主」等。因故事結果是「竹仙公主」拒嫁皇帝而升天奔月，故日本探月衛星以之命名，中文譯成「月亮女神」號。

有道戀心情薄，吾戀至死難忘。**23**

戀心不已，重逢可期，為謀君面，願命長兮。**24**

因戀而死有何益？方生得見心足矣。**25**

吾將死兮相見難，長相思兮心無安。**26**

　　在《萬葉集》中，這些當算最為苦悶之作了。後來的戀歌因
多造作，便更顯薄情。惟在《宇津保物語》中才有因絕望於貴宮
的被奪而隱居山中的源少將、仲賴那樣的頗顯幾分癡狂的人物。
連胞兄仲純也因戀妹而死。但這也不過是為突出貴宮的魅力所在
而編出的故事，難以想象事實上會真有這樣的事。可認為是詩人
的誇張。也就是説，就像紅葉的《金色夜叉》**27** 裏的主人公在今天
的日本人中還找不到一樣。那戀愛的主角，主人公仲忠和源涼，
當初都情篤貴宮一人，後來各自另有所娶，卻也皆大歡喜。晚年

---

23 《萬葉集》卷十二，第 2939 首。

24 同上，第 2868 首。

25 《萬葉集》卷十一，第 2592 首。

26 《萬葉集》卷十二，第 2869 首。

27 紅葉即近代著名作家尾崎紅葉（Ozaki Koyo，1868–1903），《金色夜叉》是其代表作，
自 1897 年 1 月 1 日至 1902 年 5 月 11 日連載於《讀賣新聞》，因作者早逝而未完成。
主人公間貫一，因為未婚妻阿宮破約另嫁富豪而追到熱海，責問阿宮，而阿宮又並未
挑明破約原因，主人公一怒之下踢翻了阿宮，並為復仇而成為高利貸的放貸者。

才開始對戀愛有所感悟的陶英，也為得到雅賴的第十三位女人而心滿意足。日本男人就是想得開，百病之外，害那相思病的幾乎只有女人。

身帶一股俠氣，多少還有幾分虛榮，不瞻前顧後，行為果斷，這便是江戶人引以為自豪的江戶人的特性之一。雖然是和京都人比較而言，我以為卻可從中大體窺見日本人的性格，那就是非常討厭女裏女氣地纏在一件事上沒完沒了。即便是戀愛，也絕不糾纏。做個男人，就要活得乾脆，不能纏綿悱惻，老婆若有不端，便不管三七二十一，一紙休書，趕出家門了事。在無所顧忌的同時也缺乏耐性，不會去硬纏着討厭自己的女人，也不會因失戀而厭倦其他女人，乃至獨守終生等等，日本男人身上不具備這樣的性質。反過來說，面對侮辱，也容易陷入不分青紅皂白一刀劈將過去的衝動。福岡貢在妓院因藝伎阿紺而斬殺數人的故事，**28** 以及《先代萩》當中的吊斬高尾，**29** 都屬於這類例證。在如今

---

28 故事見於歌舞伎《伊勢音頭戀寢刃》，近松德叟作，根據寬政八年（1796）五月四日發生在伊勢古詩市妓院的一人手刃數人的真實事件創作，同年七月二十五日在大阪首次公演，是至今仍在上演的劇目。主人公福岡貢為主公尋找丟失的寶刀和寶刀證書來到伊勢的妓院，遇到自己的情人阿紺，由於圍繞阿紺發生誤會，福岡貢盛怒之下斬殺數人。

29 《先代萩》全稱《伽羅先代萩》，指取材於仙台伊達騷動事件的淨琉璃和歌舞伎劇目的總稱。伊達騷動是日本江戶時代前期仙台藩主伊達氏族內部的紛爭。藩主伊達綱宗驕奢淫逸，荒淫無度，看上吉原妓院三浦屋花魁「高尾太夫」（名妓之襲號），重金贖買遭拒，遂將名妓吊斬於船頭。伊達綱宗因此而被幕府逼退，藩主之位由其兩歲的兒子接任，於是引發了伊達氏族的一系列紛爭。

的報紙新聞中，此類事件依然屢見不鮮。《萬葉集》中桂兒[30]、櫻兒[31]、真間娘子[32]和兔原處女[33]等如出一轍，都是兩男戀一女，女子為情所逼，進退兩難，最終自殺。兔原處女故事中，雖然是女子死後二男慕隨其後，身赴黃泉，但與其說是出於戀情，倒莫如說是競爭之義理使然：怎麼可以讓女人一個人去死呢？這才是癥結所在。

　　江戶人還善於小機智，話說得俏皮而且時機得當。這並非卓越的才能而只是小聰明。這種性質自古就有。短歌之發達便是最好的證明。誰能當場對歌，有了上一句就能對出下一句來，那麼便是當世了不得的才子。小式部內侍[34]的才名便是由此而傳揚。一部《枕草子》，也不外是這種性質的產物。所謂「草庵訪問有

30　桂兒亦作「纔兒」，《萬葉集》中登場女子，有三男前來求聘，因無法平息三人爭鬥，遂投水自盡，三男皆留下悼念和歌，參見《萬葉集》卷十六第 3788、3789、3790 首。

31　櫻兒係《萬葉集》中登場女子，為平息二男因戀她而相爭，遁入林中，懸樹自縊，二男皆留下悼念和歌，參見《萬葉集》卷十六第 3786、3787 首。

32　真間娘子係《萬葉集》中登場女子，為逃避二男爭愛，投江自盡。真間為地名，係娘子葬身之處，後有歌人到此憑弔，留下和歌。參見《萬葉集》卷三第 431、432、433 和卷九第 1807、1808 首。

33　兔原處女亦稱「葦屋之菟原娘子」，《萬葉集》中登場女子，亦因有「二壯士」為其發生婚爭而自盡，「二壯士」在其死後或夢中斃命，或自戕而亡，三塚遂相鄰而築，其悼歌見《萬葉集》卷九第 1801、1802、1803 和 1809、1810、1811 首。

34　小式部內侍（Koshikibu no Naishi，999–1025）係日本平安時代中期宮廷女歌人，其母和泉式部任一條天皇宮中女官，在隨夫君往丹後（今京都府丹後市），受四條中納言刁難，問她進呈的和歌是否由母親代作，對此小式部內侍以和歌巧妙作答，意謂「去大江山（去丹後途中的地名）的路很遙遠，而我也從未收到過母親寄自天橋立（其母所在地）的信」，該歌被收到很多和歌集裏，後廣為流傳。參見《金葉集》卷九。

誰人？」**35** 也好，「半夜雞叫」**36** 也好，「香爐峰之雪」**37** 也好，「呀，原來是此君嘛」**38** 也好，無非都是玩弄機智的自我陶醉。當世的賽歌會，也只是這種小機智的較量。後世連歌、俳句之附和，也都不外乎此。川柳、狂歌、落語無不如此，短句中富於機靈。到了江戶時代，這種文學便在江戶人當中最為發達。江戶人講究不花隔夜錢。本來沒錢卻又裝門面。川上 **39** 的新戲出來後，引發前些

---

35 原文見《枕草子》第七十八段，清少納言藉白居易「廬山夜雨草庵中」（《廬山草堂雨夜獨宿寄友》）的典故，暗示無人來造訪自己。周作人漢譯本（北京：中國對外翻譯出版公司，2001）為第七十一段，109 頁，意思可參閱該譯本第 30 頁第二十七條註釋。

36 原文見《枕草子》第一三一段，清少納言藉孟嘗君半夜學雞叫騙開函谷關門的典故，比喻當年的函谷關好騙，而今男女幽會的逢阪關卻不好開。周作人漢譯本為第一二一段，參見第 220–221 頁。

37 原文見《枕草子》第二八○段，周作人漢譯本為第二六一段，參見第 395–396 頁：「『少納言呀，香爐峰的雪怎麼樣啊』我就叫人把格子架上，將御簾高高捲起來，中宮看見笑了。大家都說道：『這事誰都知道，也都記得歌裏吟詠着的事，但是一時總想不起來。充當這中宮的女官，也要算你是最適宜了。』」典故出自白居易《香爐峰下新卜山居》：「日高睡足猶慵起，小閣重衾不怕寒。遺愛寺鐘敧枕聽，香爐峰雪撥簾看。」周作人註曰：「著者敏捷地應用此詩句，遂成為佳話。」

38 原文見《枕草子》第一三○段，周作人漢譯本為第一二二段，參見第 243 頁註解 59：此係王子猷的典故，據《晉書・王徽之傳》云：「嘗寄居空室中，便令種竹，或問其故，徽之但嘯詠指竹曰，何可一日無此君。」

39 川上即川上音二郎（Kawakami Otojiro，1864–1911），日本明治時代戲劇家，近代新戲的鼻祖，先以一曲《歐配可配（音）》博得世間好評，又在東京以演出新式壯士劇而壓倒傳統的歌舞伎，名聲大振。後來赴歐洲演出大獲成功，成為日本第一個走出去的戲劇家，回國後又開始大力譯介西方戲劇，並在大阪建成日本第一座西式劇場。文中所言，係指 1903 年後發生的事。

年劇場改良，[40] 宣佈從此不再收茶錢，據說有很多看客不幹了：「不收錢？瞧不起我是不是？」哪怕不向乞丐施捨，該花就得花，還要花個痛快。有道是出手大方，人才活得大氣，花錢的時候往後縮則是小氣鬼。「小氣」一詞與吝嗇和輕蔑同意。哪怕是留學生，到了國外也都出手闊綽，頗有受外國人歡迎的傾向。這種毛病，都是因為沒錢才慣出來的。寧可把夾襖押進當舖，也要弄條初夏的鰹魚嘗嘗鮮，這種顧前不顧後的粗莽，雖為江戶人的氣質，卻也是日本人的通病，那就是沒心思攢錢，管他下一步會怎樣。因為對將來並無深思熟慮，也不會持久地執着於一件事。這一點跟猶太人正好相反，後者很適合經營銀行，出了很多銀行創辦人。支那人在花錢上也很沒章法，既缺少長遠打算，又沒有儲蓄意識，所以支那人在商業方面乏善可陳。所謂性急吃大虧，恐怕就是在說日本人吧。由於長久的自重之念淡薄，就使得日本人容易見異思遷，迅速改變主意（fickle）。但也正因為是這種氣質，才能做到果斷地實行改革。優點是和缺點相伴隨的。如果去上海或香港等地，一上岸就會有支那人力車夫過來糾纏，沒完沒了地勸你上車。西洋人不勝其煩，掄起手杖毆打驅趕。但他們還是跟着纏着，直到西洋人再揮起手杖，真捱了打才逃走。只要能掙到錢，疼那麼一兩下也無所謂。日本的人力車夫則不會這樣。西洋

---

40 係指喜劇改良運動。這是一場發生於明治初期至明治二十年期間的戲劇界革新運動。提倡給歌舞伎導入現代化元素。一時間產生轟動效應，但並未獲得廣泛支持，不久自然平息。

人在橫濱上陸，倘若也像對待支那人那樣動手去打，則不答應。雖說是拉車的，卻也是謀生的職業。在西洋人看來或許像役使牛馬那樣也未可知，不過在這邊也僅僅是轎夫剛剛變成車夫而已，肩扛重物的，不論是土方作業的搬石運土，還是拉着人力車的一路小跑，在從事勞動這一點上是一樣的，為幾個銅板而捱打，不是一個男兒可以忍耐的事。由於日本男兒心懷此種見識，致使那些對東洋不甚了解的西洋人常常在這方面出錯。正因為有如此見識，人力車夫從軍也會是出色的軍人。可以當牛做馬，卻不可以有牛馬之心。牛馬不會組建成軍隊。日本人是注重現世生活的國民，卻不是不顧一切地耽溺於肉慾的國民。

處事果斷，也不執着於任何事情，然而卻堅定不移地恪守名譽。無論怎樣艱難都會恪守到底。「武士吃不飽肚子，也要拿牙籤裝着剔牙」，「武士之子餓癟肚子也不許說餓」，說的就是要把這種瘦驢拉硬屎的精神堅持到底。因為貧困並非恥辱，所以衣衫襤褸也罷，食不果腹也罷，都不會以為是羞恥。作為武士，沒有備好甲冑和武具才是心不到位。佐野源左衛門常世雖然和老婆連個像樣的住所都沒有，卻是這樣一個家：

雖家徒四壁，卻備長刀一口，戰馬一匹。惟此是俱，一旦鐮倉告急，便可身着破甲冑，手持鏽刀，馳騁瘦馬，第一個奔赴帳前。[41]

---

41 日本著名謠曲《缽木》中的一節。

此即不失武士本色的常備之心。浪人則貧窮，然而貧而不賤。只要榮譽在，什麼都可以忍受，但不會忍受到被輕蔑的地步。忍耐的同時，還必須有自尊上的滿足。

隨人怎麼說，我則不聞不問，馬耳東風，多難都要扛到底，就這副窮相。韓信那種甘受胯下之辱的本事日本人是學不來的。原本胸懷大志之人，為實現其宏願就得忍耐。大石良雄忍受喜劍的侮辱，[42] 歌舞伎中的由良之助吃章魚，[43] 木村重成忍受茶坊的侮辱，[44] 羽柴秀吉為柴田勝家揉腰，[45] 雖說這些故事都是作為武士的美

---

[42] 大石良雄亦稱大石內藏助，係赤穗事件中四十七士的首領（參見本書第 51 頁譯註 49、第 80 頁譯註 1、本頁譯註 43、第 173 頁譯註 31 與「赤穗」相關內容），喜劍即村上喜劍，是以赤穗事件為題材的文藝作品中的登場人物，其曾經羞辱過隱居在山科的大石良雄，用腳趾夾起章魚讓大石吃，大石說就喜歡章魚，於是吞了。後來村上喜劍偶爾知得大石良雄殺身成仁的事跡，深感愧對大石，遂在大石墓前自殺謝罪，其墓就葬在大石墓旁。

[43] 參見上一條譯註。歌舞伎即指以赤穗四十七士為題材創作的《忠臣藏》，由良之助即根據大石良雄的事跡創作的人物。

[44] 木村重成（Kimura Shigenari，? –1615），日本江戶時代初期武將，豐臣秀賴的門臣、胞弟，知謀略，作戰勇猛，以率領少數部下返身殺入反攻而來的敵陣，救出負傷的武將大井何右衛門著稱。當初因年輕而受豐臣秀賴門人輕看，連茶坊也羞辱他，對此他答道：殺了你我也得死，我當為主公而死，為你，不值！從此以後便沒人敢再小看他了。

[45] 羽柴秀吉即後來的豐臣秀吉（參見本書第 54 頁譯註 59「豐太閤」），在做了織田信長（Oda Nobunaga，1534–1582）門下的武將之後，因戰功卓著，步步高升，最後在為主公復仇之後，成為五軍統帥，在討論織田信長後繼人問題的清州會議上，與織田家重臣柴田勝家（Shibada Katsuie，1522–1583）產生尖銳對立，他為勝家揉腰的故事就發生在這次會議上。勝家為打掉秀吉的氣焰，舊事重提，說過去主公把你叫作「猴子」，動不動就說，猴子過來，給我按按腰、捶捶背，你就過來伺候，如今軍權在握便不肯再當「猴子」了吧？秀吉當即為勝家揉腰，並因此獲得了周圍人的支持。

談用作教訓的資料，但對於一般日本人來說，卻是無論如何都難以做到的。因為性格中不具備堅韌不拔的秉性。

這麼一種不瞻前顧後、做事不計後果的單純性質，並不去想如果弄砸了，丟了性命該如何。死並不可怕。只要把想做的事做了便心安理得。解氣就好。從前武士做事，都是準備着出錯時要切腹的。受武士道發達的影響，町人的俠義也出於同一種心得。如前所述，在注重現在之主義看來，關於死的想法是極其冷淡的，因此才會做到這一步。日本的祖先崇拜被稱為神道，聽起來很像宗教，但生者與死者卻並無特別的不同。對待死去的祖先，也像對待活人一樣，擺上供品不說，還要做祭祀。同時，活着的人也跟死去的人一樣，例如在主人出征或出行之後要在家裏備放陰膳 **46**。靈魂穿越兩間，生死無界。正因為如此，也才能在祭日的神樂上露出睪丸，手舞足蹈。

上面已經提到日本人並無深廣的宗教心。其信佛教也很難說是發自心底的敬畏與尊崇。正如前面所說過的那樣，採納佛教是要使之符合我國的國民性的。日本人作為東洋最大佛教國的國民，絲毫不為佛教的厭世觀所馴服，相反卻多拿佛當傻子戲弄。「不知者心靜如佛」 **47**、「佛面不過三」 **48** 等諺語，都表現了與佛的親

---

46 陰膳，即蔭膳，為出行或出征的家人擺放在出行者以往就坐位置上的供膳，以祈願家人在外面免遭飢餓等危害。

47 原文「知らぬが仏」，意謂「眼不見心靜」。

48 原文「仏の顔も三度」，意謂哪怕是溫和慈悲的人也會被一而再，再而三的無法無天所激怒，相當於中文的「事不過三」。

和與接近。還有那些糟蹋觀音的話，如把虱子叫作千手觀音或者觀音之類。閻魔王和赤鬼、青鬼，與其說令人感到可怕，倒莫如說更令人覺得滑稽。諺語有「借時地藏面，還時閻王臉」的說法。連兔子也叫作「尻暗觀音」[49]。至於《阿房陀螺經》[50]，簡直就是對神聖經文的褻瀆。諺語裏也有「百日說法，屁響一聲」[51]的說法。小孩子們玩捉鬼的遊戲，也口念「抽籤就抽阿彌陀籤」；不倒翁玩具造型用的是達摩大師；大津繪的狂畫裏有鬼在念佛[52]。七福人也常常被充作狂歌和狂畫的素材。在《狂言記》[53]作品《朝比奈》裏，朝比奈讓閻王拿着鐵棍為他帶路，通往極樂世界。《餌差十王》裏，賄賂閻魔王吃鳥肉，以被獲准進入塵世三年。《首引》裏的大力士為朝跟鬼玩「首引」[54]，大獲全勝。其他如界沙門天王、大黑天神等，都被用作狂言裏的滑稽材料。

　　日本的固有神，卻不會這樣被用作滑稽材料。醜女面具雖有

---

49 兔子尾巴短 —— 被咬掉了，故名。這是罵觀音的話。陰曆十八日到二十三日是六觀音的命日，此後漸入暗夜，故稱「尻暗觀音」，該諺語的意思是有事相求時就拜觀音，事情過後，掉過臉來便罵，有忘恩負義、過河拆橋的意思。

50 《阿房陀螺經》亦稱《阿呆陀螺經》，是日本江戶時代中期乞食僧吟唱的諷刺時弊的滑稽俗謠，以小木魚、扇子或者手杖為道具，打着節奏挨家要錢。

51 原文「百日說法屁一つ」，意謂說得再好，如果跟做的相反也沒有說服力。

52 大津繪也叫狂繪，是江戶時代初期開始出現的民間漫畫，因首先在近江國大津等地出售，故而得名，話題由簡易佛像開端，後來逐漸融入諷刺和戲謔的內容，「鬼念佛」是著名的畫題之一。

53 《狂言記》係 1660 年刊行的狂言作品集，插圖狂言詞章多種，為日本近世著名狂言讀本，以下提到的作品名都出自該集。

54 「首引」是一種二人以脖子來拔河的遊戲，繩圈套在二人脖頸上，被拉過來者為輸方。

源於天鈿女命的說法，那也是因為神樂舞人從一開始就是滑稽之人的緣故，因此或許就是如此也未可知。在民間神樂裏，假面丑角火男和傻瓜角色，都用來表示對朝廷有非分之想的隼人和熊襲族 [55] 等反面形象。我等祖先之神是絕不會被供用於滑稽材料的，但對於從外國借來的，哪怕是佛，是七福神也都會無所顧忌地加以嘲弄。我國國民原本具有的樂天精神，從來不曾因為外來佛教的厭世而被壓服過。

---

[55] 隼人（hayato）和熊襲（kumaso），都是古書記載當中居住在南九州的部族，由於拒絕臣屬大和朝廷，曾有一段時間被視為異民族，7世紀以後歸化朝廷。

六 ｜ 淡泊瀟灑

身居陰暗的房間，心情自然會沉鬱，若身處亮室，則心情也自然會變得愉悅活潑起來。如前所述，我國國民快活樂天的氣象，多是受到了風土氣候的影響。雲深霧濃的北歐天氣，與南歐意大利、希臘一帶的晴天麗日不可同日而語。從這一點上看，與北歐人相比，日本人在性格氣質方面倒是跟南歐人具有相似之處。

日本的煙草，焦油含量低，少辣味。日本的花，開得漂亮，卻無香氣。日本的鳥，羽毛豔麗，卻不會發出動聽的叫聲。這是兒時在莫里 [1] 的地理書上讀到的。倘若果真如此，那麼我以為，日本的花鳥也無形中跟日本人的氣質相似。花在眼前，開得華美豔麗，卻沒深而強的心之根柢。既無辛辣，亦無堅韌不拔，更無陰險性質。正如同瞬間綻放又瞬間飄落的櫻花。不論對待什麼都採取淡泊的態度，而且也泛及衣、食、住 —— 不，衣、食、住本身反過來也一定影響了日本人的性格。我國四面環海，有豐富的魚類資源。雖說如今的漁業已經發展到了俄羅斯海域，但從前只是近海捕撈也已經足夠了。我等國人自古食用魚肉，即祝詞中所說的「鰭大大魚，鰭小小魚」。在上代就有「細毛動物」和「粗毛動物」的說法，也食用魚和鳥類。這在火闌降命與彥火火出見

---

1 莫里（Matthew Fontaine Maury，1806–1873），美國海軍軍官、海洋學家和海洋氣象學家。其在海軍服役期間，曾參加過環球航海，留下了大量的航海筆記。1839 年在一場事故中失去雙腿，從此遠離航海現場，卻在航海資料的統計和整理方面做出了重要貢獻，具有系統性建樹。其代表作是 1855 年出版的《海洋的自然地理和氣象學》（*The Physical Geography of the Sea and its Meteorology*），日譯本書名為《地理書直譯》，三上精一譯，1885 年由慶雲堂出版，芳賀矢一提到的「地理書」即是指這個日譯本。

尊的「海幸」與「山幸」之爭的故事 **2** 中便可知道。不過，家畜肉是不吃的。不妨認為是魚肉比後者多使然。兔肉和鹿肉之類，多少吃一點，但從衣食以及其他裝束中不用鳥羽和獸皮來看，即使吃似乎也不會吃得太多。有叫作「鵜養部」的，飼養鵜鶘用以捕魚，這從神武天皇御歌「鵜養部啊，現在就來助我」**3** 也可以了解到。《北史》和《隋書》亦有記載：「以小環掛鸕鶿項，令入水捕魚，日得百餘頭。」這也就是延續至今的養鵜捕魚。和獸肉相比，魚肉味道的清淡不言而喻，而且脂肪量也低。拿如今的日本料理同支那料理、西洋料理相比較，前者的清淡和後者的濃厚自毋庸贅言。毫無疑問，平安時代出於佛教教義，禁止食肉類，是導致人們更加遠離鳥獸肉類的重大原因，但倘若食肉與日本人的習性相宜，則是制止不了的。無論怎樣禁食，也沒能擋住日本人把魚肉吃到現在。因為有魚可食，便徹底放棄了去吃獸肉。只要有魚可吃，不吃肉也過得去。生魚片和湯水的清淡、用新漬的鹹菜沏成的茶泡飯，如此風味是日餐之所長。西洋人做吃的，沒有一樣不放黃油和牛油，味濃且油膩。天麩羅是非常近代的食物。油炸豆腐，則是將天麩羅的材料換成了豆腐而已。烤鰻魚也是新近的吃法。要而言之，日本食品不含油脂。點心也是如此，支那和西

2　火闌降命，也叫火闌降尊，是《日本書紀》神代卷裏的叫法，在《古事記》裏叫「火照命」，彥火火出見尊亦同，在《古事記》裏叫「火遠理命」，關於兩兄弟的「海幸」與「山幸」之爭，參見本書第 121 頁譯註 7。

3　參見《古事記》卷中。

洋的點心脂肪含量都很高。日本點心，像《土佐日記》[4]中記載的環餅，也無非就是年糕類的東西。饅頭包進豆沙餡用以代替支那的肉包子，羊羹也只是徒有「羊羹」其名而已。西洋人不管喝茶還是喝咖啡，都要加砂糖和牛奶，日本人則原汁原味地苦着喝。

如今，茶葉已成為我國的重要出產物。當初由僧人從支那引進到日本，伴隨鐮倉時代以後禪宗的流行而漸漸普及到全國，在普通民眾階層中也開始盛行起來。這種由禪宗教義而來的所謂禪味，成為世人的一種興趣，並在很大程度上改變了鐮倉以後日本人的嗜好，不過這也正是由於禪趣很適合日本人喜單純、好淡泊的性情的緣故。

禪這個字，指靜慮，意味着精神安靜。靜心而使心不動於物。如此方能映射出書中的真理，故其以坐禪調御身心為要，以自身大徹大悟為主。因此曰不立文字，教外別傳；曰並無所教，亦無所學。即以心傳心，無須多言。雖然無語，亦可悟得萬般。形若枯木，且不失常識。這份平素養成的不為物心所動的淡定，無須言辭相教而去自我實行的修心練膽，最適合武人的修煉。禪宗興起之日，即武士道的發達之時，鐮倉時代以後，禪宗與武士道相得益彰，興旺發達起來。置而言之，禪之所以得以推廣，即在於它極大地投合了我國的武士道精神。正如前面所說，奈良

---

4 《土佐日記》是日本第一部用日語假名寫成的日記，一卷，作者紀貫之（Ki no Tsurayuki，868?–945?），記其出任土佐國守期滿，返回京城的旅途見聞，假託女性用假名書寫。

朝、平安朝時代的宗教，投合了祈禱佛祖、降福萬民的時代需要，鐮倉時代以後的禪，則因其簡易直截，適合日本人的不拘泥於事物的淡定性情而受到歡迎。

禪宗本來以無一物為主義。不講究富麗堂皇，也並無華美的儀式。平安朝的「法華八講」和「卅講」，都迴避了華美和熙攘而為寺門內的坐禪教義。它是寂寞的。與其饒舌莫如沉默。摒棄色彩而選擇淡墨。禪味可在這沉默中悟得潛動之力，可在這淡墨中識得光彩。平安朝時代將寢殿造成書院，日本繪也變成了南宗畫，這些變化的確都體現出了極為鮮明的不同，即由華麗而簡素，由熱鬧而沉寂。這些變化看似完全相反，但在我看來，它們有一點或許是一致的，那就是趣味上不取複雜、瑣碎、紛繁和雜亂。

我國國民古時的建造庭院、構製房屋、創作繪畫，其華美自不必言，卻也有爽然的單調。拿昔日圓領官服的織錦來說，其圖案的唐草、箱形、澤瀉、蝶圓等都具有幾何意義的對稱。紫服的紫和綠服的綠，雖然都是清一色的紫或綠，但其圖案提花或平織，並沒有後來女孩子着用的長袖和服上那類多色混染的裝飾，也不像西洋毛毯織得那般複雜。其多直線而少曲線。不論家居中窗扉的木格還是欄杆，在裝飾上都是直線多於曲線。也就是說，即使是在華美當中，也具備了足以接受禪味的性質。這種單純也體現在各種事物當中。音樂旋律極為簡單。而就本來的語言性質而言，五十個音節也都是開放組合音。所謂開放組合音，是指一個聲母和一個韻母組合而成的單純音節。同樣是組合音，在西語

和支那語當中，多由兩個或三個聲母與一個韻母組成，日語卻永遠是一個聲母加一個韻母，實在是樸實無華。因此，無論是拉長哪個音，都會終止在韻母上。拗音少，無濁音，聲母也原本就少。因此，真淵、宣長、篤胤、守部及國學者們都主張正音，把外音稱作渾濁不正之音，認為外音與禽獸之聲相似。支那音傳入日本之後，也迅速被同化，演變為日本式的單純音。看相模的「相」（saga）字和信樂的「信」（shiga）字，其從前讀音中一定有後綴音 ng，而為 sang、sing 的發音，但後來皆演變成柔軟的音節：sang 讀作 sa，sing 讀 shin 了。撥音「錢」字柔化為 ze 和 ni 兩個音節，「文」柔化為 fu 和 mi 兩個音節，支那語中的單音節詞到了日語就都順讀成雙音節詞了。由於我國文學正是以這種音韻組織單純的國語造就的，所以日本文學的韻律也極為單純，是一種只需照顧音節個數的韻律。只要在五十音中選出二加三音、三加四音排列，使其交錯成為五七句，便是和歌。因此之故，便構不成韻礎[5] 之類。由於韻母多，所以顯得無力。雖然長於表現物之哀與柔美，卻未免單調。因難免單調，才以短小取勝。從短歌到俳句，句子逐漸變短，意味逐漸深長。單純被徹底保持下來。正因為有在單純、樸素這一點上相一致的前提，禪味才能對我國國民的嗜好產生巨大的影響。

5　韻礎，係日本江戶時代中期儒學者山本北山（Yamamoto Hokuzan，1752–1812）談漢詩技法時自造之詞，指換韻之前所使用的韻，語出《作詩志彀》（1783）：「近體第一第二句之韻礎，有換音之法，倭人知者鮮。」

禪宗原本言語無多。「以斷結正觀名禪」。於不言中悟知物味。豆腐之味，無味中之一種味，絕不冗長瑣碎，沒完沒了。某種意義上似與道家之說相通，包含幾分虛無恬淡的意味。四疊半 **6** 的茶室內，掛一橫幅，瓶插一枝紅花，保持整體的調和，無須再堆放出更多的花束來裝點。言外有深意，聲外有餘韻。禪味即俳味。十七字俳句，捕捉瞬間現象和眼前景色，使人聯想到久遠的變化和深廣的境界。其聯想多種多樣，蘊藏無限趣味。捕捉要處，對準焦點。其短小，其簡潔，恰是生命之所在。墨繪之一筆畫，其趣味亦然。俳人作畫，畫與俳句相輔相成，皆具詩外之意、畫外之境。材料無多，寓意豐富。不能指望其有豪放雄偉的意象，而只有沉着安靜的趣味。雖無蓬勃奔放之趣，卻有寂靜之意味。不是富貴，而是清貧。不是絢麗，而是瀟灑。

襤褸的錦繡，不抵一方潔淨的手織棉布。毫無裝飾的純白浴衣，以其整潔簡素而更顯氣派。比起鑲花邊的帷幕窗簾來，倒是青簾一枚更令人覺得清爽。所謂生機，所謂利落，所謂自然，無一不是由此變化發展而來。這是由於在它們乾脆利索，不去瞻前顧後的性格特質當中能夠找到最合適的契合點。

劉蒙《菊譜》中有「新羅一名玉梅，一名倭菊，或云出海外

---

6 和室的面積按「疊」即「榻榻米」來計算，尺寸大小不等，一般來說，疊為 2 比 1 的長方形，面積大約在 1.5 到 1.6 平方米，故四疊半的茶室面積在 7 平方米以內。

國中」，[7] 松下見林[8] 認為此並非「新羅菊」而是白菊。支那自古弄菊，卻不尚白菊。許裳《白菊》詩云：「所尚雪霜姿，非關落帽期。香飄風外別，影到月中疑。發在林凋後，盛當露冷時。人間稀有此，自古乃無詩。」[9] 由此可知支那人不尚白菊。俳句趣味則是「黃菊白菊足矣，其餘沒有也罷」，[10] 惟對那素潔之色情有獨鍾。

色者，自古以白為貴。用於祭祀的三方桌、四方桌及八腳桌，至今仍都以白木製成而無別於從前。以布合縫的青席、白紙糊成的格窗、隔扇和牆壁均無任何裝飾。倘拿來和西洋客廳相比，該是怎樣一種鮮明對照啊。西洋的房間裏能擺則擺，到處是古董，大的、小的、漆器、陶器、花瓶、器皿、鐘錶、石像，縱橫左右，應有盡有，桌上亦物滿為患。天棚上是鑲金的蔓藤花紋，牆壁上貼着漂亮的壁紙，相框裏鑲嵌着油畫、石版畫還有照片之類，滿牆掛得密密麻麻不留縫隙。厚重窗簾上掛着粗憨的束帶，腳下鋪着圖案複雜的地毯。日式格窗打開就會見亮，陽光會從套廊照射進來，一片爽然。西洋的房間則不同，室內總有昏暗籠罩之感。雖有沉實莊嚴的厚重，卻缺乏利落瀟灑之情趣。西洋畫油彩厚重，層層塗抹，造就了幻覺效果，將其擺在這樣的房間裏才會保持和諧，若放在沒有裝飾的明亮的日式房間，其價值則

7　語出宋人劉蒙撰《劉氏菊譜》「新羅二」。

8　松下見林（Matsushita Kenrin，1637–1704），日本江戶時代前期儒醫、學者，校訂《三代實錄》，撰寫《異稱日本傳》。

9　語見《御定群芳譜》卷五十。許裳係唐人，今存《奇男子傳》一卷。

10　語出日本江戶時代中期俳人服部嵐雪（Hattori Ransetsu，1654–1707）俳句。

要減半以上。而如果把單純的日本畫掛在西式宅邸，則會令人感到寒酸，完全不合適。日本畫中多繪有富士山，但與其説日本畫裏畫着的富士山能喚起崇高之念，倒莫如説其喚起的是淡泊灑脱之念。「八面玲瓏，白扇倒懸」，這種形態才是日本人瀟灑淡泊的理想。

　　裝飾用的花邊、西洋婦人紮着假花的帽子，還有褶疊複雜的洋式服裝，與從領口到裙邊都成一條直線的日本女裝大相徑庭。西洋扇的摺疊複雜，和日本白扇恰好形成對照。再以點心盒相比較，日本以白質杉木削製而成，西洋則是帶花邊圖案的紙盒。日本用來裝牙粉的桐木小盒與西洋的香皂盒，也構成複雜與單純的對照。

　　倘若拿日本的能樂[11]與西洋歌劇相比較，那麼則會看到兩者截然不同。能樂的音樂和舞台都很簡單，不帶裝飾，而歌劇則複雜得令人頭暈目眩。不過，日本的能樂，恰在這簡單之處，具有妙味。這質樸之處、這純真之處、這粗簡之處，即是能樂的生命所在。舞姿的妙處，亦在悠揚而不急迫。潸然流淚直到哭癱，是戲劇中的表演。能樂則只將手離開能面四五寸作哭狀以表示在哭即可。不用道具，不做背景，只讓人去想象有那些東西，反倒是

---

11 能樂（能樂，nogaku），日本傳統藝能之一，係「能」與「狂言」的總稱。由平安時代的「猿樂」演化而來的鎌倉時代的歌舞劇，叫「能」。「猿樂」在演技上本以搞笑為主，將其對白進一步作喜劇化加工，就成為「狂言」。「能」與「狂言」都作為猿樂劇目並演，但明治以後「猿樂」之名遭人嫌棄，遂不再使用，改叫「能樂」。參見本書第 71 頁譯註 39「狂言」。

很有味道。能樂中有觀其有和觀其無之說。想象對面有一棵松，全神貫注去盯着，是謂觀其有；若真用道具在那兒擺上一棵松去盯着看就沒意思了。虛擬那裏有並以此為念去表現才會有趣。《能樂蘊奧集》裏有這樣一段：

　　所謂觀其有，指將無有之物視為有。例如，舞台上並沒有高砂連根松，行至橋邊時，止步做凝視松狀，同時鼓聲齊止。對話一回合後將視線轉向配角，合着鼓聲再次前行，其情狀猶如春風吹過高砂之松。如此這般，自始至終都以步法和身姿來表現那裏有棵松樹存在。配角與狂言亦同樣，傾心專注於主角視線所及之處，以睹物之心觀其有，故將無物表現為有，稱之為觀其有也。賴政之扇、簷下之花、書本之類皆同。**12**

正如俳句包含着言外之意，舞台上也於耳目觸及之外，將興趣保持在引發旁觀者情感之處。正因如此，能樂的舞台才可以不要背景。

　　倘無此心得而觀能樂，則能樂的確不合情理。嘴上說着「緊急」，行止卻絲毫不急，在舞台上轉來轉去還說「快快到此」。其舉止形態以及坐姿，亦有三立四居之說，都各有規矩。正像臉上罩着假面登場一樣，身體亦不出佛像之類的外形，在那悠揚和從

---

12 原文見《能樂蘊奧集》第六冊，木下敬賢（Kinoshita Keiken，事跡不詳）編，明治二十三年（1890）刊，全六冊。

容不迫當中，有着無限的趣味。而且對那帶着假面的表演者，也需投入充分的想象。而將這淡泊簡素的規矩除去，以充分的肢體動作和豐富的表情來表演的，即是狂言。因此之故，也把戲劇表演叫作狂言。然而戲劇中的舞蹈，原本出自能樂，所以還保留着幾分能樂的性質，與西洋歌劇的舞蹈大相徑庭。人們只有了解了日本繪畫和雕刻的趣味，才能懂得能的趣味。因此最近也有西洋人整天看能樂而並不感到枯燥乏味了。日本的能樂原本是戲劇發生時最初形式的殘留，惟其如此，雖說簡單，卻實則是在保存簡單形式的過程中逐步發展起來的。就其發展方向而言，則主要是表現在所謂禪俳趣味方面，故今日仍有眾多賞玩者，全在於這種趣味之力。

　　日本人從佛教當中學到了很多造型美術。通過三韓[13]和支那，間接習得印度風格。佛堂建築、佛像雕刻以及繪畫，接受的都是印度系統的影響。佛壇的金光燦爛和天蓋幢幡的舞動翩翩，每能令人聯想到西洋式的客廳。嵌入欄間的雕刻和塗抹的色彩，都大別於日本的固有神社。既然業已神佛混淆，那麼神社受到影響也在所難免，其最為顯著者，要屬日光的東照宮[14]了。然而，正像日本人原封不動、一如既往地保存了伊勢大神宮那樣，為數眾多的神社舊貌依然，仍未放棄往昔單純的白木建造式樣，一如

---

13 三韓係對新羅、百濟、高句麗的總稱。

14 日光的東照宮，係神社，位於櫪木縣日光市境內，建於 1617 年，祭祀初代將軍德川家康。日本各地有很多東照宮，在名稱前面本不加地名，但因日光的東照宮是全國的總社，故稱「日光東照宮」以示區別。

既往地將貢品擺在白木三方供台和八腳桌上。我以為，與這種簡單的裝飾趣味相適合而直接採用的，正是禪味的寂然之單純。在simplicity[15]這一點上，還有倡導古學、喜愛老子之説的賀茂真淵[16]之例。我想，正如去掉形式原本單純的和歌之冗漫，出現了以禪味為本的俳句新詩一樣，將白木建造的宮殿去繁就簡，不就是茶室的禪味嗎？這本不是建築學上的系統之論，而是趣味之論。

---

15 simplicity 即簡素之意。

16 古學，係日本江戶時代主張不依賴後世註釋而直接研究儒教經典的儒學總稱。始有山鹿素行的聖學、次有伊藤仁齋的古義學和荻生徂徠的古文辭學，都各創其說，在日本儒學中最富獨創性，其實證性研究態度給予後來的日本國學以很大影響。賀茂真淵（Kamo no Mabuchi，1697–1769），日本江戶時代的國學者、歌人。早年從師荷田春滿（Kada no Azumamaro，1669–1736），從事古典研究，志在復興古道，復活古代歌調，奠定了日本國學的基礎，著作有《萬葉集考》等多種；其門人有著名的日本國學者本居宣長、荒木田久老、加藤千蔭、村田春海等。

七 | 纖麗纖巧

四疊半榻榻米的茶室實在很窄。俳句的十七字和墨繪的一筆畫也都去長就短。日本人就對這「小」情有獨鍾。日本的山低而美。山不在高而以有樹為貴。畝傍山、香久山、耳梨山這三座山都因低且美而成為奈良詩人的最愛。[1] 日本的河水淺而清。雖同樣是河，卻與用來比喻「大」的恆河不可同日而語。與那「百年待河清」的黃河還有揚子江相比也實在是小巫見大巫。日本人即於此間以農業立國，守護着一塊塊狹小的田疇，在和平安穩的日子裏安居樂業。麻雀、鴿子、野鴨，還有猴子、兔子、狸子之類都是平常看慣的動物，而那些毒蛇猛獸卻是遇不到的。神話中在天稚子命的葬禮上，以河雁為搬運食物者，以鷺鷥為持帚者，以翠鳥為庖人，以麻雀為舂女，以雉雞為哭女，[2] 簡直就像是講給孩子們的童話。《古事記》和《日本紀》[3] 中古歌所使用的比喻法，也是拿鶺鴒、鸚鵡和麻雀之類的成群結隊來比喻百官的行列。又把唐軍的襲來比作雁來啄稻。在神武天皇的御歌裏，把敵軍的逼近形容為螺貝似的滴溜溜打轉。一切都取材於這種平常而普通的事物，這種情況是普遍的。說高天原[4] 粗大的宮柱就屹立在千木高知

1　皆位於奈良縣橿原市境內，海拔高度分別為 199 米、152 米和 140 米，有「大和三山」之稱，其中的「耳梨山」也寫作「耳成山」。奈良時代的詩集《萬葉集》中有三山之歌。

2　故事見《古事記》卷上「天照大神」部分，天稚子命亦寫作「天稚彥」或「天若日子」，是天津國玉神之子，在天孫降臨地界之前，先遣於出雲國，卻在那裏娶妻過上了日子，並不覆命，又殺死來問責的使者，遂被殺掉。上文所述即其葬禮的情形。

3　《日本紀》即《日本書紀》。

4　高天原，係在《古事記》神話和祝詞出現的天津神的居所。參見本書第 66 頁譯註 25。

底津磐根之上，是出於對神和祖先的尊敬而做出的最大級別的形容，實際上宮殿決非那般宏偉。如果眼前看到的是尼羅河河畔的大沙漠，那麼也就非得建巨大的金字塔不可，但在日本秀麗的山水之間，不論做什麼都是從小規模開始。有人以奈良大佛[5]之大為例，說由於受印度和支那的影響，日本也建造了高大的殿堂和佛塔。然而，這本是比較之論。我國那座最高的東寺之塔[6]還不及埃菲爾鐵塔的十分之一。

「射干籽兒呀黑呀黑，甲斐國有匹黑馬駒」。[7]「射干籽兒」是黑色的枕詞。「射干籽兒」即射干花脫落後結出的黑色的果實。黑色的東西成千上萬，卻偏以這小小的植物果實來做「黑」字的枕詞，冠於暗（yami）和夜（yoru）等字之前使用。

尤其是枕詞，由於具有在對照上引發興趣的性質 —— 即當從上向下轉換時，在向盡可能具有顯著變化的事物過渡的過程中，其會使指向一方的思想突然轉到其他方向上來 —— 因此故意借助小而具體的事物也未可知，不過，這小的東西是一下子就挑選出來的。所謂「蜷腸香烏髮」也是一樣，雖是在表現黑的抽象語境上使用的，這個「蜷（nina）」卻是一種小小的貝。由於蜷腸是黑的，所以就用作黑的枕詞。日本是島國，距海很近，有很

5　指奈良東大寺的盧舍那佛像，始建於公元 8 世紀中葉。

6　東寺又稱教王護國寺，位於京都市，始建於公元 8 世紀末，這裏所說的塔是指寺內的「教王護國寺五重塔」，至今仍為京都市標誌性建築之一。

7　語見《日本書紀》卷十四，其中有「天皇聞是歌反生悔惜，喟然頷歎曰：『幾失人哉！』乃以赦使乘於甲斐黑駒，馳詣刑所止而赦之，用解徽纏復作歌曰……」的記載。

多與貝有關的用語，諸如忘卻貝 [8] 啦、空虛貝 [9] 啦之類。

住吉粉濱，蜆貝緊閉，戀心深藏，永不傾吐。[10]

這是寄情於蜆貝的歌。有一種棲息在海藻上的籬科海藻蟲叫「割殼」（warekara），是浮游在裙帶菜和羊棲菜中間的紅色的像小蝦一樣的蟲子。這是用了「瓦萊卡拉」的音，不過有趣的是這麼不起眼的小東西也會有人給起個名。現在的人反倒不知道這名稱了。「細石千代八千代」[11] 之所歌，也是有感於「細石」這種小石子的美，給人感覺很適合作為祝歌。「三栗之中」這一句，只是為了說「中」這個字，就拿栗子來說事。日本人保持着對自然景物的興趣，幾乎沒有觀察不到的東西，在很多情況下，像這種很小的東西也常常會被採做詩的材料。

《枕草子》「可愛之物」[12] 條下記：

8　指兩枚貝殼分離後的一枚，因這一枚「忘卻」了那一枚而得名。還有一種說法是拾一枚忘卻貝就會忘掉戀情。《萬葉集》裏有「濕着袖子拾了忘卻貝也忘不了妹妹」的句子。

9　指脫了肉的空貝殼，用來比喻空虛。《萬葉集》裏有「住江之濱拾空虛（貝）」的句子。

10　無名氏作，《萬葉集》第 997 首。

11　意謂碎石經過千萬年會凝聚成巨岩。此處當是指《君之代》中所採用的歌詞，原句見《古今集》卷七。

12　原文見三卷本《枕草子》下卷第 146 項，但本書作者或所據版本不同，並非原文引用，而是憑藉記憶，故該段大多地方都並非原話而是大意。

瓜上畫着的稚兒的臉；雛雀嘰嘰衝你跳來；兩三歲的嬰兒在急着向前爬，途中停下來盯住一個小東西，然後用可愛的小手指捏起來拿給大人看，是謂可愛。梳着劉海童髮的孩子，並不撥開擋住眼睛的頭髮，而是轉着頭透過那髮絲向外看，是謂可愛。交叉捆綁的白色轎繩，是謂可愛。[13]尚未成人而用事於宮中的殿童，受命佇立，是謂可愛。憐人的寶寶抱在懷裏，一拍即睡，是謂可愛。孩子的玩偶類、從蓮池中撈上來的小荷葉、葵之最小的那種，不論何物，小即可愛。（下略）

這段正是很好地道出了這種消息。一切美術都以人力而奪造化之功，造得出小巧來，全是由於美的情感使然，沒有哪個國家的國民不喜愛小而美的事物，然而日本人卻尤其以這方面的技術見長。

製作箱庭是把小小的庭院造在一個淺盒子裏，製作盆景是把海光山色收於盆中，即都是把繪畫變為有形之物，不過，這在日本卻是最為發達。彥根的樂樂園[14]把東海道五十三個驛站都做了

---

13 《枕草子》原文中無此句。

14 樂樂園坐落在彥根城附近，1655 年至 1661 年修建，面積三千多平方米，為借景庭園，從園中可借觀旁邊的玄宮園，而後者早建於一百五十年前。

進來。這在小石川的後樂園 [15] 裏也做了。往昔大名 [16] 之樂便只在此事。其趣味不同於全景（panorama）和透視畫（diorama）。富士山的模型到處都有。在盆栽裏種出一棵囫圇個的大樹也是日本人特有的技藝所在。我在柏林曾看到過一棵小松樹的盆栽，擺在店頭賣，上面的牌子寫着 Japanische Zwergbaume [17]。在日本只值二十錢或三十錢的東西卻標出三十到五十馬克的價來。日本的插花也讓西洋人感到稀奇，卻並不失把自然形式縮小的趣味。這在前面已經談過。外國的家具大，日用器具也大。因為要切肉吃，器皿也就當然要做得很大。而且也很厚。日本的碗和碟子都很小。鰻魚飯、天麩羅蓋澆飯和釜撈面皆屬例外。牙籤也是一樣，外國的有四五寸長，日本的才不過一寸左右。一個西洋人走了一趟日本後笑言那裏什麼都小，馬小，狗小，連火車也小。

　　三月三日女兒節上陳列的人偶，小而可愛自不在話下。清少納言也把人偶類算在「可愛之物」裏。作為日本的美術品，西洋的博物館裏收藏有很多刀的護手，他們很欣賞護手上的精湛雕刻。在「三尺秋水夏尚寒」的大刀護手上留下精雕細刻的工藝，不正是一種優美的對照嗎？藥匣子做得很精緻，腰墜子的工藝也

---

15 今稱「小石川後樂園」，是位於東京都文京區內的一所庭院，為水戶德川家於 17 世紀中葉所建，有七萬多平方米，栽種梅花、櫻花、杜鵑等三千多株，取名時接受了明朝遺臣朱舜水的建議，以范仲淹《岳陽樓記》成句命名為後樂園。

16 大名，原指地方上的權勢者，在武士社會一般指擁有領土和部下的武士，到了江戶時代專指從幕府獲得一萬石以上俸祿的武家，由於其與中國封建諸侯具有相同性質，也以「大名諸侯」相稱。

17 德語，日本盆景之意。

很講究。不論做什麼活兒都做得細，這是日本人的長處。只牙雕的精巧一項也足以同出自西洋人之手的巨大雕像相提並論了。西洋人關於日本這些技術的著作非常多。西洋人看到日本人蓋的房子，對那做工的細緻入微、一絲不苟有着很高的評價。一個能在一顆米粒上雕出十六個羅漢的人，該怎麼評價，現在不得而知，在過去卻是常有的話題。賴山陽《象墜記》有言：

雕山生妙於雕刻。象墜雕盧生夢圖。方一寸強而為樓閣十有五。為人物八百八十。為馬若象十有二。為禽鳥未知幾隻。驟視之如蟻群集腐果。諦視則歷歷可辨云。**18**

説的是盧生在方寸當中精密再現了一代榮華。山陽觀而作記，又翔實地記述了其製作功夫。

　　説到文章，我國文學上的細膩和講究亦出類拔萃。就像在謠曲的詞章裏所看到的那樣，把各種古人章句拿來使其珠聯璧合化作豔詞麗句，是鎌倉以後文學中常用的手法。人們並不在意文意是否整體貫通，而把功夫全用在詞語的排列、雙關語和對仗方面，極盡綺麗之能事。從謠曲、淨琉璃、俳文到祛邪免災的祓辭，再到商店廣告招牌上的文句，皆託於美文，可以認為是對文

---

18 賴山陽（Rai Sanyo，1781–1832），日本江戶時代後期歷史學家、思想家、漢詩人、文人畫家，名襄，字子成，號山陽、三十六峰外史，主要著作《日本外史》對日本明治維新之前的幕末尊皇攘夷運動以極大影響。《象墜記》集入《山陽遺稿》（全八卷）之卷七。

章的講究。我曾經寫過一篇文章來談這個問題，題為《四六文與
日本文學》，發表在《東亞之光》雜誌上。日本的木版雕刻之精
妙，也是令西洋人驚歎者之一。不論做什麼都做得好做得巧，這
是日本人的長處。有人説這是由於日本人從兒童時代起就使用筷
子的緣故。就拿削鉛筆來説罷，西洋人也實在是笨得可以。留學
生裏有不少人都會捻紙繩，他們捻出的「觀世捻」[19] 之精美，讓西
洋人大吃一驚。聽説在法蘭西大博覽會上，日本人用紙疊出來的
東西博得了喝彩。日本人製造的火柴都侵入到了外國，也不是沒
有箇中原因的吧。

　　日本人喜愛櫻花是不必説的，就是秋天開在野地裏的各種草
花也是自古以來作歌的好題目。試數秋之七草，便有以下之歌：

　　胡枝子花、芒穗花、葛花、紅瞿麥花、黃花龍芽，還有澤蘭
和牽牛花。[20]

這些花都是小花瓣的花。清少納言也把紅瞿麥花算作可愛的物類
裏。紅瞿麥花在歌中寫作「撫子」二字，字面上總與「子」字相
通，黃花龍芽漢字寫作「女郎花」，是作為女人來讀的；牽牛花
有各種各樣的説法，我以為還是取「桔梗」之説最符合秋野的景
色。倘若查一下《萬葉集》裏出現的草木種類，那麼有的長在山

---

19 一種用和紙的紙條捻製出來的短小的紙繩，用於裝訂不太厚的書或本子。
20 《萬葉集》第 1538 首，據説由山上憶良（約 660–733）輯入。

上，有的養在街裏，有的可以入藥，有的可以食用，有的用於祭神，有的用作器皿，總的來說，草比樹木受到更多的詠歎，除了前面列舉的七草之外，還有葵、雞冠花、葛、紅、紫花地丁、蓮、紫丁香、百合、鴨跖草、射干花（烏扇）、旋花（晝顏）、野菰（又叫作「契沖」，即龍膽花）等，皆以花而惹人喜愛。另外，在草中像滑菜葉、石松、南五味子、爬山虎那樣的爬蔓草也被吟詠不衰。水草有繩苔、有浮萍，還有各種藻類，此外，胡枝子、蘆葦、菅和小竹等也種類繁多。概而言之，草中的那些在水裏漂的、隨風擺的，柔弱的種類似更受人們的喜愛。我以為，就像那種喜愛小東西的傾向一樣，喜愛柔弱之物是否也可視為一種特性。在《日本書紀》的歌謠裏就把菅比作美人。

《竹取物語》裏的月中美人的名字叫「弱竹輝夜姬」。弱竹是那種柔軟而細弱的竹子，其非剛健處恰似女性溫柔可愛。水草在水中也頗顯情趣，一會兒漂浮於那邊，一會兒又靡伏於這邊。柿本人麻呂等人用來形容女人。例如：

飛鳥明日香，明日香有河，上游鋪石橋，下游搭木橋，
石橋附河藻，婀娜水中搖，生生不已嬌，木橋依河藻，
靡浮水中漂，生生不見老，女皇與大君，相愛如河藻，
立臥不相離，纏綿兩相棲，奈何女皇去，莫非已忘君？
（下略）[21]

---

[21]《萬葉集》第196首。此歌為柿本人麻呂為女皇寫的悼歌。

正如歌中所詠，這段是作為形容女性的序歌而詠的，在對美麗與可愛的表述中滲透着無所執持的哀傷。像在「白菅有根，盤根錯節，我心懇切」[22] 和「有菅後縫笠」[23] 這樣的句子裏，都是以「菅」這種草來作為枕詞的。母音多而柔的語言，最適合做以優美為主調之歌。操持這種優美語言的國民，也最愛這些令人憐愛的植物。在愛它們纖麗的同時，也愛它們的柔弱。

　　日本國語是母音豐富而柔和的語言。這在上面已經説過。如果連成長句，那麼這種語言就會顯得冗漫而舒展，就像那些蔓草一樣。音低聲弱，和風細雨，但卻優美，是因感物心動而發之聲[24]。因此以純正的國文所作的文學，作為女子文學也就最適合去描寫平安朝宮中的男女情話。即使在軍記物語中，在描寫情愛時也多採用這種筆法。崇高與雄偉之美距離純國語的緣分太遠。有人説《萬葉集》裏的和歌比《古今集》裏的雄健，實朝之歌[25] 因承萬葉遺風而雄渾有力，但原本是母音多、格助詞多的國語，在其基調上已不允許所謂剛健的存在。例如在國語中是無論如何也

---

22 在《萬葉集》很多歌中都有此句，原文為「菅の根のねもごろに」，其以「菅の根」的諧音來作「ねもごろ」的枕詞，表達懇切、真誠之意。參見本書第92頁譯註60「枕詞」。

23 語出《萬葉集》第3064首，原文為「ありますげありてのちにも」。

24 原文「あわれ」，漢字作「哀」，語義很多，這裏主要指有感於物而發之聲，用以表達讚歎、親近、喜愛、同情、悲哀等各種內心情感。

25 參見本書第54頁譯註62「實朝」。

寫不出席勒 **26** 在《罕德修》**27** 一詩中所模擬的獅吼豹嘯來的。而在
《塔菲魯》**28** 裏出現的那些模仿海浪聲音的詞，如 sieden、brausen、
zischen、spritzen 等，在國語中也是無論如何不會有的。漢語 **29** 由
於有撥音，有促音，也有長音，因此在它們被大量引進之後還多
少保留着字音上的強音。此外，漢語也和日語的多音節性不同，
其本來是單音節語言，在短促的字音裏有着巨大的內容含量，因
此具有相當強的緊縮力。在散文類裏，或勇烈之戰記物語，或小
說或議論文皆因漢語而獲得了簡潔的表達形式。當今的言文一致
也好，學羅馬字也好，由漢語而傳來之語到底也還是廢除不掉
的。德國人可以成功地排斥掉源自拉丁語的文字，日本卻很難排
斥掉漢語。即使只在小學校能夠做到，在社會上也不會被允許。
離開漢語，日本文學難以成立。

　　國文之長歌在《萬葉集》時代達到鼎盛，而到了《古今集》
時代業已衰敗。我以為這可以歸結為三點原因，一是詞彙量太
少；一是詩的形式單純，缺乏變化；一是有冗長拖沓之感。在《萬
葉集》四千五百首裏有四千首是短歌，長歌只有二百六十幾首，
短歌優勢顯而易見。從日語的性質來說，短歌三十一個音節是最

---

26 約翰・克里斯托弗・弗里德里希・馮・席勒（Johann Christoph Friedrich von Schiller，
　 1759–1805），通常被稱為弗里德里希・席勒，德國 18 世紀著名詩人、哲學家、歷史
　 學家和劇作家，德國啟蒙文學的代表人物之一。

27 「罕德修」即德文 Handschuh，手套之意。

28 「塔菲魯」即德文 Taucher，潛水員之意。

29 這裏所說的「漢語」係指進入日語當中的漢語詞彙。

為適當的形式。人與自然的和諧默契，以及由此而產生的「物之哀」皆憑藉這一形式而淋漓盡致地展現出來。隨機應變的才能亦通過這一形式而淋漓盡致地展現出來。對於長於小巧的國民來說，短歌是再合適不過的詩歌形式。連歌以玩弄應變之智見長，以此為本，又進一步本末兩分，加入禪趣之簡淡，再輔以漢語之濃縮，遂變成十七音節的俳句，成為更短小的詩歌。就這樣，就像絕大多數國民都是能工巧匠一樣，全體國民也都人人是個小詩人。

八　｜　清淨潔白

一身整潔的布衣穿在身上舒服，新鋪的草青色榻榻米是一種享受，我國民是愛清潔的民族，與鄰國的支那人相比有着很大的不同。恐怕再沒有哪一國的國民會像日本人這樣大張旗鼓地做全身浴。東京市的公眾浴池有八百多家，除此之外，中流以上的家庭也都各有浴室，在一百三十萬居民中大約有三分之一的人每天洗澡。拜耳茲 [1] 認為，依據日本的氣候和住房狀況來推斷，日本得風濕病的人之所以少，完全是因為日本人喜歡泡澡堂的緣故。澡堂的起源雖距今不遠，但溫水浴和冷水浴的習慣是自古就有的。還有一事為他國所沒有，那就是日本全國到處都有溫泉。因此，天皇也到伊予道後溫泉巡幸，推古四年所立的道後碑文，是我文學史上一塊最古老的標本。[2] 此外，伊香保、有馬、箱根等地的溫泉也都在歷史上負有盛名。有個叫恩格斯馬克 [3] 的德國人寫了本題為《日本與日本人》的書，對日本人的洗澡大加稱讚，主張在這一點上應該學習日本人。在柏林等城市出於公共衛生的需要，到處設有公立浴池以動員工人們洗澡。有一年夏天我到鄉下的一個冷泉浴池玩，由於正值盛夏，我每天都要進去洗澡，但和我一

1　拜耳茲（Erwin von Balz，1849–1913），德國醫生，從 1876 年到 1905 年滯留日本，在東京帝國大學（今東京大學）從事醫學的教育與研究，同時也從事醫療活動。今存其子特庫・拜耳茲所編《拜耳茲日記》。

2　伊予道後溫泉現在通稱道後溫泉，位於愛媛縣松山市（舊名伊予國），係日本三大古溫泉之一。推古四年即公元 596 年，是年廄戶皇子（聖德太子）在該溫泉療養，據說因有感於那裏的景色秀麗、溫泉湯佳而留下碑文。但碑石今不存，其去向成為歷史之謎。

3　不詳。

起去的德國人卻無論如何也不肯下水，說拿涼水擦擦身子就行了，沒必要一定得下去洗。用他的話說，日本人之所以短壽說不定就是洗熱水澡洗的。哥廷根是一座有着八千左右人口的城市，但在那裏卻沒有一家公眾浴池。我曾在一本幽默雜誌上看到這麼一段笑話：一對年輕夫婦找新居，與房主對話，房主說這房子裏還帶浴室，男的說我們又不得病，要浴室做什麼。由此可知，只要不得病，他們是不肯洗澡的。我曾在德國的中學生讀物裏看到過關於日本人的介紹，其記洗澡一事，說德國人從前也非常喜歡洗澡，直到三十年前的那場戰爭為止，由於戰爭留下的疲憊，這個習慣丟掉了，所以應該恢復起來云云。在日俄戰爭中，日本軍人最感不便的似乎就是洗不上澡。日本人不管怎樣總喜歡洗得乾乾淨淨讓身子爽快。在關於日本的報道中，西洋人有一點必寫不漏：清潔是日本的特性。張伯倫[4]說日本有很多東西都來自支那，只有洗澡才是日本所特有的。如果是從支那到日本來，那麼便會明顯感受到兩國在洗澡這一點上的巨大差異。

日本人的全身浴在伊奘諾尊[5]的神話裏就出現了。因伊奘諾尊去黃泉國窺視逝去的伊奘冉尊[6]的遺骸而觸了穢，所以要做「御

4　巴吉爾·赫魯·張伯倫（Basil Hall Chamberlain，1850–1935），英國著名日本研究者，號王堂，曾任東京帝國大學（今東京大學）教授，是第一個英譯俳句和《古事記》的人，包括《日本百科》和《日語口語手冊》在內，留有很多關於日本的著作。

5　伊奘諾尊是《日本書紀》的稱呼，在《古事記》裏稱作「伊邪那岐命」。

6　伊奘冉尊是《日本書紀》的稱呼，在《古事記》裏稱作「伊邪那美命」。

褉」。[7] 所謂「御褉」就是用水把身子洗淨。看上一眼不潔之物就以為連身子都跟着髒了，不能不說是非常嚴重的潔癖。而幾乎所有上古時代的日本人都認為身體之污即精神之穢，倘若洗淨身體，那麼精神也便會自然變得乾淨。當我們入浴，洗掉身上的污垢後，精神也會自然爽快起來，因此上代日本人有那樣的想法也是再自然不過的事。他們認為如果犯下道德上的罪惡，那麼只要把身體洗淨，罪惡就會消失。正像很多宗教的以懺悔來贖罪的想法一樣，此處的想法是潔身消罪。諸神怪罪素盞嗚尊時，讓他割去髯鬚，拔掉指甲，這是為了讓他贖罪。[8] 這種祛穢贖罪的思想在祝詞的《大祓詞》[9] 裏有着很好的體現。每年的六月和十二月在皇城的朱雀門所舉行的祛穢儀式，便是為了祛除天下萬民在不知不覺當中所接觸到的一切污穢，以此來贖卻他們的所有罪惡。查閱其文可知，人們的罪過首先是順着河水流走，由住在早川之濱的叫瀨織津姬的女神把它們帶向大海。有個叫遠開都姬的女神等在那裏，把那些罪過一口吞掉，然後再由一個叫氣吹戶主的神一下子吹放到兩個藏污納垢之國，即根之國和底之國。在根之國和底之國裏住着的女神叫速佐須良姬，她在那裏把罪過最終處理掉使其

---

7 此事見於《古事記》和《日本書紀》等古籍當中所記神話。伊奘諾尊和伊奘冉尊既是兄妹也是夫妻，後者死於難產，前者因思妻而赴黃泉國相見，結果目觸屍穢而逃回，在以清水潔身去穢時生出「月讀命」「天照大神」和「素盞嗚尊」三個神來。

8 素盞嗚尊為伊奘諾尊的第三子，「御滄海之原」，《日本書紀》：「諸神歸罪於素盞嗚尊，而科之以千座置戶，逐促徵矣。至使拔鬚，以贖其罪。亦曰，拔其手足之爪贖之。已而竟逐降焉。」其在《古事記》裏被叫作「速須佐之男命」。

9 《大祓詞》為祝詞篇名，每年六月和十二月為祛穢而作之詞。

不再外洩。就這樣，諸神們就像傳遞一個郵包一樣，一個接一個地往下傳，直到把罪過送到大海。這段祝詞不但言及身體之穢，還歷數了種種罪惡。也就是說，一年要做兩次除污祛穢的儀式，通過洗掉和忘卻不潔而開始新的生活。這是依慣例要舉行的被除，此外還有臨時性的被除儀式，不僅朝廷做，民間也做。在中古的物語日記裏，關於被除的記錄隨處可見。《百人一首》**10** 中有歌曰：

> 颯颯微風起，黃昏奈良川，禊祓潔身爽，當夏此難忘。

這說的也正是六月的禊祓之事。至今在神社裏還以菅、茅等草編製草環，人們從中鑽過以祛厄免災；現在人們仍把自己的地址、姓名和性別寫在紙人上來做被除，這些都是往昔的餘波。

伊奘諾尊在做「御禊」時，從污穢當中生出一個神叫禍津日之神。由洗掉的體垢裏生出一個禍神來是一種有趣的想法，就是說身體要是髒便會禍延其身。當然即使從現在衛生學來看，也得承認這種想法有道理，倘渾身是皺，細菌便會大量繁殖，人也會因此而容易得病甚至死亡。這在根本上還是一種重生忌死的思想。男神本代表生活和光明，女神本代表死和黑暗，男神做「御

---

10 通常指從一百個歌人的作品當中每個人選出一首所編和歌集，但此處係指日本第一部《百人一首》，即鎌倉時代歌人藤原定家（1162–1241）所編《小倉百人一首》，下引和歌即出自該歌集，藤原家隆作。

禊」是為了洗掉他因目睹死而沾染的污穢。那想法是看見死，其穢即會附身，所以也就非洗去不可。不潔身消毒心裏就不踏實。

這種想法以後由於和支那的五行說、密教等所主張的六根清淨相結合，越發強化起來，在平安朝便進入到了一個談穢色變、神經過敏的時代。人們制定了種種嚴密的規則以避免觸穢。《延喜式》規定：

凡甲處有穢，乙入其處〔謂着座，下亦同〕，乙及同處人，皆為穢。丙入乙處，只丙一身為穢，同處人不為穢。乙入丙處，同處人皆為穢。丁入丙處不為穢。其觸死葬之人，雖非神事月，不得參着諸司並諸衞陣及侍從所等。[11]

這在今天看來都未免過於小題大作，凡觸穢者皆不得染指神事，也不得出現於朝廷。甲三十日，乙二十日，丙十日，依儀式不同，多少天不得出都各有相應規定。家有死人者相當於甲穢，出入其家者為乙穢，出入乙穢之家者為丙穢。人們相信，只要與死人多少有關，那麼無論怎樣便都會蒙受其穢。

據說，天慶二年[12] 八月三日，當要將宣命送往伊勢神宮時，由於一個公卿去了服喪之家後參與宮事，致使宮中全體蒙穢，經

---

11 《延喜式》為平安時代中期編纂的律令實施細則，該段引文見《延喜式》卷三《神祇》三「臨時祭」。

12 天慶係日本年號之一，期間為公元 938–947 年，天慶三年為 940 年。

過十三日仍袪除不掉，結果只好決定終止派遣宣命使，而在左衛門陣之外將宣命上奏了事。又，嘉承二年[13]，一個京都人把死人骨頭從尾張帶回擱置於家中，該家童僕在不知道的情況下出去逛了街，消息傳出後，整個京都城大亂，所謂「近人穢遍京都中」是也，就和今天的鬧鼠疫惹出的亂子一樣。自這場騷動之後，防範措施變得越發嚴密起來。

　　現在的《服忌令》[14]是武家時代的產物，似乎原封不動地延續至今。與其說《服忌令》是哀痛親屬之死並處理其後事的產物，倒不如說原本是來自觸穢思想，以迴避人們服喪期間染指官事。目前政府各部官員們若打報告說自己要按照規定去服喪，其長官會視其情況而下令其可以免除服喪並能來上班，因此《服忌令》幾乎已屬於一紙空文。在《延喜式》時代不僅忌死穢，也忌五體不全之穢，此避穢期是二十天。由於擔心因觸穢而惹麻煩，有死人時將其偷偷地丟在河灘上的事史上也屢見不鮮。這些都是與人有關的穢。還有家畜之穢。家裏養的牛或馬死了，規定要受忌五天。公卿家裏死了匹馬也會引起一陣恐慌，揚言已經穢遍京城之類。而五體不全之穢也會延及家畜。這一切都因為是忌諱死才有的，所以或許會有人以為生而無穢。不過生孩子要出血，是不潔的，所以產穢的說道也非常多。若是懷孕三個月以內流產那麼忌

---

13 嘉承係日本年號之一，期間為公元 1106–1107 年，嘉承二年為 1107 年。

14 指明治七年太政官公佈的《服忌令》，該令詳細規定了在不同親屬死去時「服」（着喪服）與「忌」（忌穢）的天數，諸如「父母，忌五十日，服十三月，計閏月」之類。

167

期會短些，但若在四個月以上，就會和死了人同等看待，忌期為三十天。產穢也延及家畜，馬生駒為穢，貓狗下崽亦為穢。流產也是一樣。《延喜式》有「六畜死五日產三日（雞非忌限）」[15] 的説法，其補充條款説得頗為有趣。每逢雞下蛋，人都要蒙忌而無獲賜之物。由於忌穢之風如此，所以也就有因宮中死了馬而突然中止釋奠儀式、因死了狗而停止前往大極殿的實例。狗也因此顯得尊貴，絕無所謂「犬死」之虞，而應該説是雖死猶榮的。

妊娠也同樣為穢，不但孕婦受穢，連丈夫也跟着受穢。女官若有了身孕便會立刻被打發回家。月經之穢亦為固有：「有月事者祭日之前退下宿廬，不得上殿，其三月九月潔齋沐前退出宮外。」[16] 八丈島[17] 的忌諱產婦至今仍一如既往。就這樣，婦女因不潔而遭受忌諱，所以通常不與祭祀儀式發生干係，大多數婦女都不參與公開的祭祀活動。因此之故，也就自然會有輕視婦女之風相伴隨。我國的男尊女卑早已在蛭子神誕生的傳説裏表現得清楚明了，在男神與女神唱和時，女神因先唱而得蛭子[18]。佛教歷來有輕賤女人之風，因此一般總以為我國是受了佛教影響的緣故，我

---

15 《延喜式》，出處同本章譯註 11「《延喜式》」。

16 同上。

17 八丈島位於東京南部海上 287 公里處，面積約 70 平方公里，人口近九千人，屬東京都管轄。

18 蛭子神讀 hiruko 或 ebisu，據《古事記》記是「伊邪那岐命」和「伊邪那美命」（即前面的譯註裏出現的伊奘諾尊和伊奘冉尊）之子，由於聽了「伊邪那美命」的歌聲而成為一個殘疾兒，被放入葦舟漂放。至今日本各地仍保留很多蛭子神漂來的傳説，祭神之處以西宮神社最為有名。

以為這其實倒是出於觸穢的想法。

除此之外還有所謂火穢。視火為神聖，這在波斯最為顯著，而在其他國家也多有這方面的例子。日本的祭祀也對火恭謹有加。這裏所說的火穢不是指這方面的說道，而是指一種對火的畏懼心理的傳染。有人遭了火災或在失火現場附近，就會身受其穢。人們擔心自己也會像近火者那樣惹火燒身。而因此也確有稀奇古怪的事發生：大火燒遍京城竟無人去救。由於出了這樣的事，火穢的規矩後來就被廢止了。

向來不懷揣心事、樂觀明朗的日本人何以會變得如此神經過敏呢？這是出於熱愛生命、祈願現世幸福的想法，即與《大祓詞》和鎮火祭之詞完全是出於同樣的精神。所謂御門祭也好，御殿祭也好，都是在抵拒禍神。《遷卻祟神詞》就是驅逐禍神的。祝詞之文沒有一篇其主要著眼點不是要增進現世的幸福的。我以為，正是由於這種想法過重，到了平安朝那個類似於弱女子的時代，也就變得格外神經過敏起來。而這與敬神祭祀，即所謂的「祭事」相關也是自不待言的。古代的希臘人和羅馬人皆以清淨為貴。但這個傳統他們不久就丟失了。日本則把祭政一致的國體由上古而發展到今日，並且今天也還在繼續發展，所以太古時代的思想將被永遠保存下去。太古之厭污忌穢、祈吉求祥的思想，使人們對待 kami 即神社和皇室也同樣恭謹虔敬，亦使我們在面對 kami 時不能不恪守自身的清淨潔白。這純粹是出於自我強烈的生存慾望而並非出於齋戒沐浴的目的。這在今天可謂「習已成性」。

此種思想至今仍明顯存在。日曆上標記着大祓的日期，而朝

廷也實際舉辦儀式。民間的情況前面已經說過了。女人因為有穢而不得登富士山。（編按：在著者出書的 1900 年代，這一禁令早已撤銷。）而直到前不久似乎還不能參拜伊勢神宮。至今登山嚮導還會告訴你女人的不潔會怎樣使山成為不毛之地。此外，產後三十天之內不得穿越神社前的「鳥居」[19]。如果是參加葬禮歸來，需要在門口撒上鹽。所謂「打火」等說法完全是避穢習慣的殘留。《服忌令》的事也正如前面已經介紹過的那樣。神前有「御手洗」[20]，就是《古今集》裏說的那種：

清溪洗戀心，神焉知我意。[21]

不論走到哪一處神社或佛閣都會有供洗漱用的水缽。在印度燒牛糞似乎是件神聖的事，然而此事在日本卻行不通。氏神之社內乃是潔淨之所在。西洋人把鞋和帽子都放入同一個箱子裏，解手之後也不洗手。這在日本人是很難做到的。出現於位尊者面前時自不待言，參加儀式等活動時也必須洗手潔身。西洋人只會給自己剃鬍子，而每天擦抹清掃，保持家中窗明几淨、一塵不染卻是日

---

19 鳥居，日語讀作 torii，即立於神社前的類似於牌坊的建築。

20 「御手洗」，神社門旁所置供參拜者使用的洗手或漱口處，亦作「御手洗川」的略語使用。「御手洗川」指神社附近流過的可供參拜者洗手或漱口的小溪。下文所引《古今和歌集》句子出現的「御手洗川」，具體指流經京都下鴨神社本殿東側的河，據說下河蹚水到沒膝深處就會祛病免災。

21 《古今和歌集》（略稱《古今集》）卷十一，戀歌一。

本主婦的責任。保持庭園的整潔，使之不留一根雜草不留一片樹葉，亦是責無旁貸的天職。每年年末要做的「大掃除」即家中的除大穢。我想日本全國除了乞丐之外，恐怕所有的人都會在除夕之夜洗澡。年尾歲暮，家家戶戶都忙着祛穢除厄。

正月新年有幸若歌舞 [22]，有萬歲樂 [23]，有能 [24]，還有狂言乃至耍猴和驅鳥節 [25]，舉國慶祝，家家慶祝，人人慶祝，大家以一種煥然一新的爽快心情祈願日後更加吉祥如意。

　　元日出門見，富士迎面來。宗鑒 [26]

就是讀準了這種灑落的心態。

　　元日家中明，撫刀思先人。去來 [27]

---

22 幸若歌舞，原文「幸若舞」，為 16 世紀晚期一個叫幸若丸的藝人所始創的一種伴以舞蹈的鼓歌謠，多取材於武士生活。

23 萬歲樂，日本宮廷雅樂之一種，舞者四至六人，分「文舞」和「武舞」兩種，主要用於節日或其他慶典活動。

24 能（no），參見本書第 145 頁譯註 11「能樂」。

25 驅鳥節，原文「鳥追」，指農村每年正月十四日和十五日早晚所舉行的驅逐鳥害的儀式，人們敲着棒子或什麼器皿，唱着「追鳥」歌，轉遍村中的家家戶戶。

26 宗鑒，即山崎宗鑒（？–1540），日本早期俳人，有俳諧鼻祖之稱，編有《新撰犬筑波集》。

27 去來，即向井去來（1651–1704），日本江戶前期俳人，人稱「蕉門十哲之一」，意謂其俳句風格很接近松尾芭蕉。編著有《旅寢論》和《去來抄》等。

元日思往昔，神代事事榮。守武 [28]

這兩首俳句對家、對國表達的都是追思往昔的情懷。

在元旦的儀式裏還原封不動地保留着過去的祭神儀式。門前神龕上的稻草繩、交趾木葉、馬尾藻 [29]，其質樸之風、簡古之風，不僅使人得一年之新，還會使人重返太古之世。正月新年實乃日本之家庭精神。現在的人喜歡過年時到鄰縣去旅行是讓人難以理解的。

那些供祭神用的新年的擺設，也都使用新物，粗陋與否並不在話下。哪怕是火，只要是獻於神前的也一定得是新打出的不可。朱紅色漆筷不如一次性木筷乾淨，織錦緞被褥也不如席子乾淨。《萬葉集》裏的一首歌也是這一思想的體現：

物皆以新為佳，人則以舊為貴。[30]

粗、麁、荒這三個字都讀「阿拉」（ara）。新字也讀 ara，詞根相同。不論什麼東西都非得用 ara 的（供神的生魚鮮禽）不可。aratashi 的發音經過音韻轉化就變成了 atarashi，即現在的「新」字之意，在古語當中是讀作 aratashi 的，皆為俗語中的「可惜」之

---

28 守武，即荒木田守武（1473–1549），與山崎宗鑒一樣，同為日本早期俳人，其《守武千句》亦對後世俳諧起到規範作用。

29 此三種皆為新年時門前或神龕前的裝飾物。

30 見《萬葉集》第 1885 首，歎舊二首之一。

意。在《萬葉集》裏，「惜」字讀 atara。雖然粗簡然而新者，即為「可惜」也就是值得珍惜之物、寶貴之物也。「生」字在古語中也讀 ara，「洗」字也與這幾個詞同根，讀 arawu，因此「洗」即具有使某種事物一新的意思。

把身子洗淨，心靈的污穢也就會被一同洗去，這是上古時代的思想。喜愛清潔的國民當然會以清廉為貴。東西只要是 ara 就好的思想構成了勤儉質樸的要素。看重名譽勝過看重金錢，這種古來風氣與廉潔最為情投意合。在今天的支那，公然行賄受賄乃是無可掩蓋的事實，而在日本自古以來就很少有人因行賄受賄而獲罪。赤穗事件 ³¹ 的起因在於賄賂，因此對吉良的憎惡也就尤加一籌。近年出現的教科書事件 ³² 不過是世風日下的一種徵候。在西洋不論做什麼都得靠金錢鋪路，而在日本用金錢來表達謝意在很多情況下是失禮的。在波茨坦王宮，到處都立着牌子，告知遊人不要給做嚮導的皇宮警衛小費。這其實是此地無銀，而正是小

---

31 赤穗事件亦稱元祿赤穗事件，指江戶時代中期的元祿十五年十二月十四日（公元 1703 年 1 月 30 日）所發生的赤穗四十七武士為自己主君報仇事件。據說，江戶城中的赤穗藩主淺野長矩因拒絕向上司吉良上野介義央行賄而遭到構陷，遂刺傷後者，致使自己也受到切腹處分。此後淺野家臣大石內藏助良雄率領赤穗四十七武士夜襲吉良府邸，殺死吉良並將其首級獻於主君墓前。事件的結果是有四十六名參加復仇行動的武士被幕府命令切腹自殺。這一事件，因後來一系列冠以「忠臣藏」之名的文藝作品而在日本成為家喻戶曉的故事。

32 即所謂「教科書疑獄事件」，係指日本 1902 年（明治三十五年）暴露出來的圍繞學校教科書採用而發生的教科書出版商與教科書採用擔當者之間大規模行賄受賄事件。該事件波及四十都道府縣、二十餘家出版社，牽連人員達兩百人以上。日本在此之前施行的是學校教科書審定制，即民間編訂，由採用者審定採用哪一種。而以此事件為契機，改為國定教科書制度，並且一直持續到二戰結束。

費暢通無阻、大行其道的證據。在拿波里離宮，只要把小費塞在那裏的保安手裏，不允許用手碰的東西也可以拿來給你看看。在魏瑪的歌德博物館，甚至有保安公開抱怨公家給的薪水太低。這些都是我親眼所見。德國法官普羅斯特在漫遊日本後發表感想說，他對列車乘務員和警察拒收小費深感欽佩。日本的這一美風能保持到什麼時候呢？

九 ｜ 禮節禮法

日本人除了愛清潔之外，還有一點也很令西洋人感佩，那就是日本人的講究禮貌。日本人在過往相遇時，彼此都要謙恭地低頭彎腰，三番五次地向對方致意，這是在外國所看不到的風景，因此外國人在將此與本國風俗比較時也就殊感新奇。日本人若是初來乍到，在把那裏的禮儀與日本比較時，也會對西洋社會寒暄打招呼的極其簡單感到驚奇。我第一次在外國劇場看戲時，也對國王的那些眾多家臣們的無禮感到不可思議，他們在國王面前竟沒有一人行禮表敬，也不規規矩矩地排好行列。在日本看慣了大名那跟戲劇舞台似的講究的排場，看慣了侍女們的前呼後擁，再來看西洋的禮儀作派，也就尤其感到不可思議。在西洋的歷史畫裏也能看到很多下人在國王和皇后面前橫躺豎臥，支腿拉胯，十分隨便。因為原本是全憑一把並不去坐的椅子，所以日常禮儀全部都是站立敬禮，一切都來得非常簡易。對身份高的人可以握手寒暄「早上好」，對身份低的人也可以同樣握手打招呼說「早上好」，而絕無雙手伏前，頭點榻榻米的禮儀。父母、子女、兄弟之間的禮節似乎也不像日本那般彼此謙恭。在漫長的封建時代，日本人一定還會有比現在更多的繁文縟節。在德川時代寫信時，在收信人姓名之下寫表示敬稱的「樣」字或「殿」字，是有很大不同的，而同一個「樣」字也更有幾種含義不同的寫法，有楷書體的「永樣」，有行書體的「美樣」，還有草書體的「平樣」；一個「殿」字也有楷書第一、行書第二的順序；對待下屬，其名字的位置要寫在自己名字的下方，幾乎不加敬稱。除此之外，起首

與止筆處從古時起就規定有各種各樣的寫法。在《貞丈雜記》[1]裏就記載着《弘安禮節》[2]對書信「止詞」的七個等級的規定：1. 頓首誠恐謹言；2. 誠恐謹言；3 和 4. 惶恐謹言；5. 恐恐謹言；6. 謹言；7. 之狀如件。由於收信人姓名和寄信人的姓名在寫法上原本就有很多講究，致使現在有人在給上司寫信時不署上自己的全名而只寫自己的姓。不過，即便是現在，這也會被認為是失禮的。上述情形是社會分為上下各種等級的結果，在自己侍奉的主君之上還另有主君，因此在行禮時，對待主君之主君，頭就要低得比對自己的主君更低，而對連主君之主君也得低頭行禮的主君之主君之主君，那就非得匍伏去行禮不可了。就這樣，階級便從過去為數眾多的禮儀上的尊卑等級當中產生了。從上方來看，為保持自己的尊嚴，就要層層嚴密地向下方規定禮節。從足利時代到德川時代，其程度當會是愈演愈烈的。往昔的身份懸隔並不那麼嚴重，主從關係也不那麼複雜，因此在禮儀上也應是簡便易行沒有什麼

---

1 伊勢真丈（1717–1784）著，介紹武家禮儀、典故、行為規範的書，十六卷，天保十四年（1843）刊。

2 《弘安禮節》又稱《弘安格式》或《弘安書禮》，一卷，記錄弘安年間（1278–1288）所制定的貴族間禮儀禮式之書，其中對書信格式和路遇時的寒暄禮式都做出了明確的規定，尤其是書簡之禮成為後世書簡體例的範本。

負擔的吧。據加藤先生 [3] 介紹說，在幕府所用語言當中，敬語非常多，而宮中用語出現的敬語反倒很簡單。就這樣，本來七重屈膝經幕府權勢就變為八重屈膝，遂造就今天日本人的禮節。不過，話又説回來，日本人從一開始便不存在西洋人的那種平等主義。這與崇尚清潔之風一樣，仍出自敬神之風。也正由於這個緣故，在古代語言中就已有很多敬語了。看《古事記》便可以知道，諸神的那些名稱，很多都是用尊稱敬稱來記載的。在神名之上會加上天、神、稜威（嚴厲）、齋（忌）、湯、御、廣、大、磐、真、生、瓊、日、彌等詞語，它們都是關於事業和品性的尊美的形容詞。最長的名稱要數「天邇岐志國邇岐志天津日高日子番能邇邇藝命」，hiko 和 hime 即為日子和日女，mikoto 即指「御事」——皇家之事。另外，就像在「子」字前面加「御」字，以「御子」表示「皇子」，在「家」字前面加「御」字，以「御家」表示「皇宮」一樣，所有與皇室有關的名詞前面都要加上「御」這個敬語接頭詞以示區別。後來把皇子敬稱為「宮」，把天皇敬稱為「御門」也是出於同樣的原因。「御」又讀作 o，是 oho 的省略，oho 是「多」和「大」等詞彙的詞根，也用來作為表示敬稱的接頭詞。就

---

3 此處似指加藤弘之（Kato Hiroyuki，1836–1916），日本近代政治學者、教育家、政府官員，歷任東京學士院院長、東京大學綜理（校長）、東京帝國大學總長、貴族院議員、帝國學士院院長、樞密顧問等職，早年鼓吹過天賦人權，相關著作有《真政大意》和《國體新論》，後來一變而鼓吹社會進化論，相關著作有《人權新說》和《強者之權利之競爭》（即《物競論》，楊蔭杭譯，作新社 1902 年出版），也給予清末思想界以很大影響。

動詞而言，也有為表示尊敬的特殊動詞，如把「說」稱作「宣」，把「在」稱作「御座」，把「吃」稱作「進膳」等。中古時代的那些物語類書籍完全是淹沒在這類敬語修辭之中的。多到什麼程度呢？用張伯倫先生的話說，如果《源氏物語》去掉了那些敬語，那麼其容量將會減少一半。即使不交代是誰在說話，其敬語的語尾也會自然把說話者是誰表達清楚。到了後來，「御」就不僅僅用於 kami —— 神，以及皇室和皇族，也用於大臣公卿並由此逐漸擴及一般人，遂使日語成為像今天這樣的敬語頗多的語言。在東京把醬湯叫作「御御御付」，而在恭謹地稱呼他人之腳時，則為「御御足」，要在「足」字之上加上了「御」（mikoto）和「御」（oho）這兩個敬稱。這是因為如果只用一個「御」字寫作「御足」（御足，oashi），那麼在發音上就會跟「金錢」（御錢，oashi）一詞相混的緣故 4。有些敬稱由於完全的混合，已化作詞語不可分割的組成部分。如化妝用的「白粉」（oshiroi）和「玩具」（omocha）等均屬這方面的例子。如果只說 shiroi 和 mocha，是聽不出「白粉」和「玩具」的意思來的。這些都是恭謹而優美之辭所產生的詞語。

敬稱本來並不一定只表示尊崇，也表示親愛之意，是為了把話說得漂亮才使用的。既然已經有了敬稱之言，如果不使用敬稱，聽上去就會顯得沒有品味，因此上流社會的人為保持自己的品味，對底下人也會以恭謹之言相待。而底下人對在上者說話時

---

4 日語當中的「御足」一詞表示銅錢或錢幣之意，發音與「腳」的尊稱相同，故要多加一個「御」字。

也就益發恭敬。也就是説，人們都彼此在使用自謙的語言。今天的日語的確留下了許多敬稱的説法。英語也好，德語也好，法語也好，我是我，你是你，人稱代詞中的第一人稱代詞、第二人稱代詞、第三人稱代詞都各自只有一個。而日本卻有無數的人稱代詞。第一人稱有 watakushi、watashi、ware、ore[5] 以及用漢字寫的「此方」「拙者」「小生」「手前」「僕」；第二人稱有「君」[6]、anata、kisama、unu、ore、onore、ware[7] 以及用漢字寫的「手前」「其方」；第三人稱有 anokata、anatagata、anohito、ayitsu、kiyatsu[8] 等無數種。若舉一個動詞的例子，那麼僅一個「去」字，就有 yuku、yukimasu、yukaremasu、oyukininarimasu、yirasharu、yirashaimasu、oyideninarimasu 等説法，這還只是指對方的「去」，説自己前往某處的「去」時，還要根據不同的時間場合使用多種謙遜的説法，如 yukimasu、mayirimasu、sangkoshimasu、dekakemasu、makaridemasu 等。西洋人學日語最困難之處就是這一點。普通西洋人不論對待朋友還是對待僕人，大抵都使用相同的語言。這樣看來，語言上的各種各樣的階級差別今後無疑將會逐漸減少。不過，語言上的那些差別也並不只因為強調敬稱和等級才發達起

5　在日語第一人稱中，這些讀音的漢字表記通常為：watakushi、watashi、washi 三種讀法用「私」字，ware 用「我」或「吾」字，ore 用「俺」或「己」字表示。

6　「君」通常作第二人稱的漢字標記，讀音 kimi。

7　在日語中第二人稱這些讀音的漢字表記通常為：anata 寫作「彼方」「貴方」「貴男」「貴女」；kisama 寫作「貴樣」；unu 寫作「汝」或「己」；onore 寫作「己」字。

8　第三人稱這些讀音的漢字表記通常為：anokata 寫作「彼の方」；anatagata 寫作「彼方方」或「貴方方」；anohito 寫作「彼の人」；ayitsu 和 kiyatsu 寫作「彼奴」。

來，而是因為要把話説得謙恭和有品位才發達起來的，正像好多禮節禮法並不僅僅是因為屈從才發達起來的一樣。

小笠原流[9]之禮節作派説道實在太多，進退坐立，樣樣有出典，式式有規則。從賓客的座席，到膳食的端法，再到筷子的拿法，樣樣都非常麻煩。倘不如此，則不僅是對貴賓失禮，作為紳士不知這些禮節也會被人恥笑。這是一種成果（Accomplishment），是今日交際上的禮儀。只憑舞劍和身強力壯還不能叫作真正的武士。現在也把禮法作為一門學科放在女子教育當中，這是因為女子要在家裏養育子女、接待客人，尤其應該純淑老實地注重禮節才行。不應因看到只向女子傳授禮法，就認為是男尊女卑的結果。禮儀並非是為他人，而是為自己。《狂言記》有很多是拿某某女婿來説事兒的，拿他們的出醜當笑料，不過，那些令人忍俊不禁的出醜大多數是由於不諳禮節、不懂規矩。所謂「細一打聽，原來當女婿也有很多規矩」就是就此而言的。在《吟婿》狂言裏，那個女婿不論什麼事都「好好好」地答應；在《廚婿》裏，本來是要把烹飪書傳授給女婿，結果卻傳授了相撲書上的規矩，弄得女婿很滑稽，做什麼都按相撲的動作來。

婚禮等儀式上的「三三九度杯」即使在今天也是件很麻煩的事。凡是叫作儀式的，沒有一樣不繁瑣，沒有一樣不麻煩。然

---

9 小笠原流（Ogasawara ryu）一般指自鐮倉時代以來的有關武家行為規範的最具影響的一個流派，除了針對武士的弓術、馬術和行為禮節的規範外，還律及一般兵法和茶道等。

而，此即儀式，此即規則。道德是靠法則和規矩來支配的。由於這個緣故，連切腹也有儀式。九寸五分長的短刀怎麼握，三方桌怎麼接，旁邊的人如何「介錯」──最後下手幫忙，都有各自的規定。剖腹自殺時的飲酒方式叫省身杯，指喝下之後置於膝前席上的那隻酒杯。也有飲雙杯的喝法，就是盡飲兩杯然後將兩隻酒杯置於膝前。因此在通常的情況下人們是忌飲省身杯和飲雙杯的，不過在現在的宴會上似乎已經沒人再去注意這些事了。雖臨死而不示人以苦相，乃武士之禮節。鯉魚即使被放在俎板上待刃也不會發怵。這是鯉魚之所以是鯉魚的道理。關於鯉魚或其他魚類以及禽類的做法，自古以來就有律正各種行為規範、講究其禮法的書。狂言《鱸魚刀法》[10] 中就有這麼一段：

舅白：「把剛才的那條鱸魚拿來洗淨，備好質地堅厚的案板、新木做的魚筷和備前[11]刀，再配上一張專用於做魚菜的鹽紙，喚上兩個懂得菜餚禮法的伙計，將那鱸魚端上來。本來照常言說一聲『動刀切吧』就是，可偏不這麼說，而是要說『可是有些日子沒見您的刀工手藝了，能不能露一手給小的們看看』？」

甥白：「對，就這麼說。」

---

10 其情節是舅舅讓外甥去弄鯉魚，外甥沒弄到，回來撒謊說鯉魚掛在橋邊讓水獺給吃了。舅舅看出外甥在撒謊，就開始講述如何請他吃鱸魚、怎麼切怎麼做等等，但最後卻沒有這條鱸魚。外甥理解舅舅是在以其人之道，還治其人之身，只好認錯。以下對話便是舅舅講述鱸魚做法的情形。

11 備前為地名，位於今岡山縣東南部，以出產刀劍著稱。

舅白：「既然推脫不過，也就索性近身於案板之前，執刀取筷，將那鹽紙截為三段，兩枚墊在魚下，一枚規規矩矩地置於案頭，再按照禮式以清水過刀，然後『唰唰唰』就是這麼三刀，一刀『繼頭』[12]，二刀片下上半扇兒，卻不能沾水，魚頭在案頭也要擺放規矩，接下來才回切第三刀，將下半扇兒魚肉也片下來，中間的一整條魚骨頭攔為三截，加湯汁佐料細火燜上。」

甥白：「這就更棒了！」

舅白：「趁着這燉的功夫，還要把片好的上下兩扇魚肉精製成細菜。」

甥白：「這就更了不得了！」

舅白：「總而言之，我的心得是魚身厚的地方看上去要切得薄，魚身薄的地方看上去要切得厚，講究的全是庖人的手藝。」

甥白：「那是，那是。」

舅白：「不過，也不妨蹲在案板前三下五除二，幾下子就把個生魚片切出來，拌好生薑醋調料，再把南天竹的綠葉鋪在深草[13]粗陶盤子裏，擺上生魚片，也不失為下酒的美味佳餚。」

由此可知，即使是一條魚，在做法上也大有講究。除此之外還可知道，武家時代有着怎樣的重視禮節禮法的風俗，從應對方式到送禮之法都細緻入微到了怎樣的程度。

---

12 因忌言「切」或「斷」，故言「繼」。

13 深草為地名，位於今京都市伏見區，該地以陶器著稱。

支那人也同樣注重禮節。在「禮樂射御書數」的教養當中，孔子也把禮排在第一位。孔子本是見過周末亂世之人，他想以禮來復古，說「能以禮讓為國乎，何有？不能以禮讓為國，如禮何？」在他看來，禮不正則心不正，因此重視禮節。「博我以文，約我以禮」，並把「克己復禮」擺在頭等重要的位置。讀《論語·鄉黨》可知其在禮儀方面是如何謹慎。在《周禮》等典籍當中委實記載着各種繁縟的儀式，所謂「禮儀三百，威儀三千」便是就此而言。此教傳入日本也的確是使日本人重視禮節的一個原因。即與日本人的崇拜祖先大有關係。支那和日本在崇拜祖先這一點上是一致的。支那人之所謂「籩豆之禮」**14** 也還是為了祭祀。在孔子所謂的禮中，祭祀之禮才是根本。禮字以示為偏旁正是出於這個緣故。社稷具有國家的意義也正因為如此。而與支那人相比，日本人的崇拜祖先又更具有真正的意義。支那國民的宗廟時常改變，而日本人卻是萬世不易。日本人自遠古時代起就以祭祀建國，其與支那人同樣在禮儀禮法方面慎而又慎自不待言。祝詞曰：

　　王卿等百官人等乃至倭國六縣之刀禰男女，今年四月前往參集，皇神之前，如鵜引頸，躬行大禮。**15**

又曰：

14「籩」為竹所製，「豆」為木所製，皆為祭祀時盛肉之器。
15 見《延喜式》所載《龍田風神祭祝詞》。

茲將造聖玉者以虔敬之心所造晶瑩剔透、碩大無比、串聯成串之美玉，並之以明麗色豔織錦，再並之以光澤映人織錦，由齋部宿禰某在柔弱的肩膀上斜挎布帶敬獻於神前，啟奏頌詞。**16**

「御調之絲帛、御酒和御贄，堆積如山，大中臣隱身陪侍在大玉串之後」**17** 之類的語句，描述的都是祭神的陣勢，所以也就能通過「柔弱的肩膀上斜挎布帶」和「大中臣隱身陪侍在大玉串之後」了解到祭神的主祭者是怎樣一副樣子。所謂笾籩籩豆 **18**，相陳相列，恐怕就是下面這幅景象吧：

奉神之寶，有御鏡、御刀、御弓、御桙、御馬相列；御衣有明麗色豔織錦，有光澤映人織錦，有綿軟織錦，有手感極佳織錦，皆相疊於神前；四方之國所敬獻之御貨亦整齊擺放，來自蒼海之物有大魚，有小魚，有深海藻，有淺海藻；來自山野之物有甜菜，有辣菜；神酒盛滿大瓶溢出瓶口，瓶瓶皆滿，成列成行；萬物齊備，堆積如山，神主頌曰……**19**

這是把人間應有之物都祭獻出來了。《萬葉集》裏有歌：

---

16 見《延喜式》所載《大殿祭祝詞》。
17 語見《六月月次祭祝詞》，其為伊勢神宮奉奏祝詞。
18 除「豆」為木製，其餘皆為竹製祭器。
19 出處不詳，《平野祭》有與之近似的一段話。

豬鹿俯首拜，鵪鶉亦匍匐，百獸伏地迎，鵪鶉亦垂首。[20]

結合上文「皇神之前，如鵜引頸，躬行大禮」可知，鸕鷀的垂首
也好，麋鹿的臥拜也好，鵪鶉的匍匐也好，其施禮都不是站立，
而是低身俯首。日語「拜む（Ogamu）」這個詞，漢字寫「拜」，
是 Orogamu 的省略，表示折身屈體之意。我國國民祭神是坐着
禮拜的。祝詞之文，其結構恰似這般儀容，詞語重複，文段重
複，莊重森嚴。文無省略而冗長。事同而不厭反覆，與祭祀完全
同質。正由於是這樣一種重視祭神儀式，重視供奉祖先禮儀的國
民，所以也就影響到平常的言行舉止上。那種對「神」的心得
也就作用到日常生活中來。而並非一定要等到孔子之教才方知禮
儀。宣命的形式，其旨趣亦與祝詞完全相同。主祭領唱，皇子應
唱，然後群臣再一同應唱。

　　祭神而對神心存虔敬之念，此時乃是最為心正之時。禮的古
語是「嫵雅（uya）」。祭神時的恭敬態度即是「嫵雅」。也就是
說，必須以恭敬的態度修身才行。以此為準則，規範平生的言行
舉止，可謂最為出色的行跡。即使獨坐一室之時，也要保持這種
心境和這種態度。即謹慎其獨處。促使國民禮儀發揮之重大原因
便是源於此種念慮。儒教在這一點上也很合於我國民性。有權有
勢之人的發號施令不過是利用了這種風俗習慣進而為之而已。

---

20 見《萬葉集》第 239 首，柿本人麻呂作。其為「長皇子」狩獵所作頌歌，大意是「長
皇子」騎馬走在狩獵的路上，野豬和鹿乃至鵪鶉都俯身相迎表敬。

西洋人將喜怒哀樂盡情顯露於外，日本人則崇尚忍辱負重，即便傷心亦不表露在外。北清事件 [21] 發生時，西洋婦女大哭大叫，呼天搶地，日本婦女卻從容不迫，泰然自若。由此可知，哪怕是日本女人也會做到這一步。因動情而有損儀容乃男子漢之恥。孩子死了不落淚，心裏再怎麼悲傷，也不在人前哭泣。日本的舊戲也正表現了這種義理和人情的衝突，令人對殉情產生同情，並為人情而落淚。所謂「哭在心裏，不哭在眼上」[22]，正是旁觀者的同情之處。西洋戲劇以表達感情為主，喜怒哀樂盡表於外。倘若堀川館的辨慶、手習鑑的松王丸和千代萩的政岡等 [23] 皆將其悲哀之情無遮無攔地宣洩在外，戲恐怕也就演不成了。能樂距離表情更遠，只有一副表情的面罩。這在前面已經談過了。

因此我國的舊戲便相當多地去表現那些通常人情所難忍之苦，父殺子以換取主人的性命，妻子賣身以拯救丈夫的困苦。在日本，親子、夫婦之間沒有西洋那樣的過分親暱。家族成員之間亦主以禮節，有時還有嚴格的區別。家長在家中也不會毫不在意地盤腿而坐。家長應首先是禮儀行為的楷模，他們不會像西洋人那樣當着其他人面相互擁抱接吻。在西洋人看來，這或許像對外人一樣疏遠客氣也未可知。外國人常說日本的家庭父子感情淡

---

21 日本亦稱「北清事變」，指 1900 年爆發的義和團運動。

22 語出松田文耕堂、三好松洛合作的淨琉璃《御所櫻堀河夜討》，元文二年（1737）在大阪竹本座首演，其中的部分段落，至今仍在上演中。

23 三者皆為江戶時代歌舞伎的劇目和人物，分別出自《義經千本櫻》《菅原傳授手習鑑》《伽羅先代萩》。

薄，妻子遭受虐待等等，恐怕正是出於這個緣故。

　　西洋也有種種禮儀禮法。在交際上有很多繁瑣的禮節。西洋從前有騎士道，其禮儀由此發展而來，主要是尊重婦女。西洋男人在街頭牽女人的手也是扶助之意。開宴會時牽手將婦女引導到席前也是因此之故。其中哪怕是關係再壞的夫婦，人前也總是親睦有加。我國則相反。既然是文明國，那麼重視日常交際禮節也是理所當然的，但原本是平等主義的國家和原本是崇拜神祇的國家，兩者自然有別。今天因跟外國人交際，我等亦多少有了解西洋禮俗的必要。看到西洋人和妻子拉手，笑其看似鴛鴦，殆與西洋人看到妻子的車跟在丈夫之後而嘲笑日本人男尊女卑無異。今天的日本，世間一片混亂，一切禮儀禮法都亂了規矩。也難怪，數百年來，三百諸藩，各有各的風俗習慣，如今融作一團，東西風俗也交相混淆，不亂才怪。作為禮節已無定數。如今站在社會上流之人，都是所謂明治維新時代激變之世的過來人，他們不把禮儀當回事，其風氣對國民有很大影響。服飾上也沒了從前那些繁縟的規矩。過去穿衣適履都有時節上的講究，季節不同，服飾有別。現在雖通常把大禮服和燕尾服規定為禮服，但普通國民卻並不接受。民間的禮服還是帶有家徽的和服短外罩與和服裙，卻登不了大雅之堂。幾乎無人知曉宴會的舊式禮法。說起日本式的宴會來，真是無禮至極。壞毛病多，入席時總是「您先請」「您先請」，推來推去，讓個沒完，很不容易落座。又不給什麼吃食，只是一個勁兒地勸酒。菜餚都是為下酒端上來的。近來拿日本料理來招待西洋貴賓的事情多了起來，但看到日本人穿着西服盤

腿，一邊看舞伎跳舞，一邊乾起杯來沒完，一片狼藉的樣子，西洋人又該作如何感想呢？我想他們恐怕不會認為是在參加富於禮節的日本人的宴會。他們無非覺得好奇，而只是在應酬，説「謝謝！再見」而已，暗自説不定還感到多沒勁呢。報紙上也有很多其他方面的報道，都是些不講究禮儀廉恥的事。讀書階層的禮節觀念更是淡薄。有讀書人做了知事的，作為奉幣使前往官國幣社納幣而大為失態，要是放在過去早就讓他切腹了，然而如今其失態卻只是貽笑大方，而並沒誰去指責。古來敬神貴禮的國民，正是大變革到了忘卻一切舊禮數的程度才做到了明治維新，但我以為至少在禮儀上應多少確立一些秩序。國民不該忘記與我國體有着很大關係的禮節。

十 ｜ 溫和寬恕

西洋人對日本人的誤解積重難返，無以復加。最近又時常聽到的是「黃人禍説」。這是他們看到日本人在日清戰爭、北清事件、日俄戰爭中表現勇武，看到我軍隊的強大，便認為日本人是好戰的國民而杞人憂天，以為不久的將來日本人也會侵略歐洲，白人將像曾一度苦於成吉思汗那樣，被壓倒在黃人的勢力之下。人種憎惡潛居其根本當中。正如「細戈千足國」[1]這個名稱所表示的那樣，日本人自古以來就是勇武的國民這一點毋庸置疑。近古時代曾有過武士道是顯見的事實，而今天的日本相距從前的武士時代時隔日尚淺也是事實，然而日本國民自古以來在歷史中卻絕非具有侵略性的武人。在需要自衛的時候才起而抗爭，奮其勇武。日本人不是攻擊型的，而是防守型的。人不犯我，我不犯人。隨意拔刀是武士最為禁忌之事。刀乃護身之用，而非殺傷工具。過去，武士家入用新刀時，以豆腐渣做的醬湯來祝賀。這是取醬湯的日語讀音 "kirazu" 以表示「不切不斬」之意。倘有無禮之人前來羞辱，到了不得不動刀時才毫不留情。這是武士道精神。哪怕是演戲，那些不分青紅皂白拔刀就砍的家伙，沒有一個是正經角色。真的武士並不輕易拔刀，只是在萬不得已的情況下才拔刀相對。在日本的武術當中有一種叫柔術，嘉納[2]將其命名

---

1 「細戈千足國」（細戈千足国，kuwashihoko chidaru kuni），古時日本的稱呼，「細戈」指精巧的武器，「千足」是準備充分之意，意謂充分備有精良武器的國家。

2 嘉納治五郎（Kano Shigoro，1860–1938），日本近代柔道的創立者、教育家，其在東京牛込創立的弘文學院為日本近代接收中國留學生的專門教育機構，黃興、楊度、魯迅、許壽裳等曾在該學院學習。

為柔道，兼有修身養性之功，其門下弟子據說已多達七千之眾。近來也有很多外國人學習柔道，嘉納門下也有不少人受聘前往美國、英吉利和匈牙利去傳授。這種武術以柔能制剛為主義，其性質本來就是自衛的，並不主動出手，欺負對方。當對方撲將過來時，這邊平心靜氣，以對方之力治敵。從前塚原卜傳[3]的「不戰而勝」，我以為其精神亦與此相同。不把力氣花在無用之處，是武士道的本義。血氣之勇、暴虎馮河之勇，為真勇之人所不取。觀往昔之歷史，神功皇后的三韓征伐，[4]也是由於新羅之不從命——不從和平之命，不得已而親往征之。元軍襲來時[5]所表現的武勇，明治初年所發生的征韓論，[6]近年日俄戰爭的肇始，都是面對侮辱而產生同仇敵愾之心的結果。幕府的尊王攘夷也是擔心西人的侵略和掠奪而生發的反動，其勢甚猛，導致了某些過激言論和行為，但都並非來自主張人種差別的反彈。

　　對於不同人種，日本自古以來就很寬容。不論隼人屬還是熊

3　塚原卜傳（Tuskahara Bokuden，1498–1571），日本室町時代後期的著名劍客，據說其精於實戰，斬敵二百多人，創立了「新當流」劍術。

4　指《古事記》《日本書紀》等記載的仲哀天皇死後，神功皇后出兵朝鮮半島，征討新羅、百濟、高句麗的故事。

5　指元朝軍隊兩次攻擊日本，一次是文永十一年（1274），一次是弘安四年（1281），日本史亦稱「蒙古襲來」或「文永之役」「弘安之役」。

6　明治初期日本政壇出現的侵略朝鮮的主張。有幕府末年勝海舟等人倡導於前，有西鄉隆盛、板垣退助在維新以後鼓吹於後，其背景是日本廢藩置縣、取消士族特權後引起大眾的不滿，因此具有將社會矛盾對外轉移的一面。

襲族，[7] 只要歸順便以寬容待之。神武天皇使弟猾[8]、弟磯城[9]歸順，封弟猾為猛田縣主，弟磯城為弟磯縣主。這種關係與八幡太郎義家之於宗任的關係[10]相同。朝鮮人和支那人的前來歸化，自古就予以接納。百濟滅亡時有男女四百多歸化人被安置在近江國，與田耕種，次年又有二千餘人移居到東國，皆饗以官食。從靈龜二年[11]的記載可知，有一千七百九十個高句麗人移居武藏之國，並設置了高麗郡。這些事例在歷史上不勝枚舉，姓氏錄裏藩別姓氏無以數計。並無隨意殺害降伏之人或在戰場上鏖殺之例。以恩為懷，令其從心底臣服，是日本自古以來的做法。像白起那樣坑殺四十萬趙國降卒的殘酷之事，[12]在日本的歷史上是找不到的。讀支

7　關於「隼人」和「熊襲」，參見本書第 135 頁譯註 55。

8　弟猾為《日本書紀》中的豪族，在《古事記》裏寫作「弟宇迦斯」，大和（奈良）宇陀的豪族，因告密揭發其兄「兄猾」（兄宇迦斯）暗殺神武天皇的計劃而獲封為猛田縣主。

9　弟磯城為《日本書紀》中的豪族，在《古事記》裏寫作「弟師木」，大和（奈良）磯城統治者「兄磯城」之弟，因不從其兄而歸順神武天皇，被封為磯城縣主。

10　八幡太郎義家，即源義家（Minamoto no Yoshiihe，1039–1106），日本平安時代後期武將，因討伐陸奧（今岩手）地方勢力安倍一族而獲戰功，並將其私財獎勵手下武士，深得關東武士信賴，有「天下第一武人」之稱。宗任即安倍宗任（Abe no Muneto，1032–1108），陸奧國豪族，曾與其父安倍賴良、其兄安倍貞任共同與源義家作戰，在父兄戰死後投降，被赦免一死，相繼流放四國、九州等地。在《平家物語》中有他被源義家感化的描寫。

11　靈龜為日本年號（715–717），靈龜二年為 716 年。

12　此事見《資治通鑒》卷五：「趙括自出銳卒搏戰，秦人射殺之。趙師大敗，卒四十萬人皆降，武安君曰：『秦已拔上黨，上黨民不樂為秦而歸趙，趙卒反覆，非盡殺之，恐為亂。』乃挾詐而盡坑殺之。」又，《史記》卷七十三，《白起王翦列傳第十三》也有相同的記載。

那的歷史可以看到把人肉醃製或調羹而食的記載，算是食人時代的遺風吧。

支那人吃人肉之例並不罕見。《資治通鑑》「唐僖宗中和三年」條記：「時民間無積聚，賊掠人為糧，生投於碓磑，並骨食之，號給糧之處曰『舂磨寨』。」[13] 這是說把人扔到石臼石磨裏搗碎碾碎來吃，簡直是一幅活靈活現的地獄圖。翌年也有「鹽屍」的記載：「軍行未始轉糧，車載鹽屍以從。」[14] 鹽屍就是把死人用鹽醃起來。又，「光啟三年」條記：「宣軍掠人，詣肆賣之，驅縛屠割如羊豕，訖無一聲，積骸流血，滿於坊市。」[15] 實在難以想象這是人間所為。明代陶宗儀的《輟耕錄》記：

天下兵甲方殷，而淮右之軍嗜食人，以小兒為上，婦女次之，男子又次之。或使坐兩缸間，外逼以火。或於鐵架上生炙。或縛其手足，先用沸湯澆潑，卻以竹帚刷去苦皮。或盛夾袋中入巨鍋活煮。或剉作事件而淹之。或男子則止斷其雙腿，婦女則特剜其兩腕（乳）[16]，酷毒萬狀，不可具言。總名曰想肉。以為食之而使人想之也。此與唐初朱粲以人為糧，置搗磨寨，謂啖醉人如食糟豚者無異，固在所不足論。

---

13 見《資治通鑑》卷二百五十五。

14 見《資治通鑑》卷二百五十六。

15 見《資治通鑑》卷二百五十七。

16 該段記載見《輟耕錄》卷九，此處的「兩腕」，亦有版本作「兩乳」。

這些都是戰爭時期糧食匱乏苦不堪耐使然，但平時也吃人，則不能不令人大驚而特驚了。同書記載：

唐張鷟《朝野僉載》云：武后時杭州臨安尉薛震好食人肉。有債主及奴，詣臨安，止於客舍飲之，醉並殺之，水銀和飲（煎）[17]，並骨銷盡。後又欲食其婦，婦知之躍牆而遁，以告縣令。

此外，該書還列舉了各種古書上記載的吃人的例子。張茂昭、萇從簡、高澧、王繼勳等雖都身為顯官卻吃人肉。宋代金狄之亂時，盜賊、官兵、居民交交相食，當時隱語把老瘦男子叫「饒把火」，把婦女、孩子叫「不美羹」[18]，小兒則稱作「和骨爛」，一般又叫「兩腳羊」，實可謂驚人之至。由此書可知，直到明代都有吃人的例子。難怪著者評曰「是雖人類而無人性者矣」。

士兵乘戰捷而凌辱婦女、肆意掠奪之事，日本絕無僅有。日俄戰爭前，俄國將軍把數千滿洲人趕進黑龍江屠殺之事，世人記憶猶新。西班牙人征服南美大陸時，留下最多的就是那些殘酷的故事；白人出於種族之辨，幾乎不把黑人當人。從前羅馬人趕着

---

17 該段記載見《輟耕錄》卷九，「飲」字之處，亦有版本作「煎」。
18 原文如此，在另一版本中作「下羹羊」，在《雞肋編》中作「不慕羊」，在《說郛》卷二十七上亦作「下羹羊」。

俘虜去餵野獸，俄羅斯至今仍在屠殺猶太人。[19]白人雖然講慈愛、論人道，卻為自己是最優秀人種的先入思想所驅使，有着不把其他人種當人的謬見。學者著述裏也寫着「亞利安人及有色人」。日本自古以來，由於國內之爭並非人種衝突，自然很少發生殘酷之事，但日本人率直、單純的性質也決定了日本人不會在任何事情上走極端，極度的殘酷令其於心有所不堪。

殉葬似乎自遠古時代就有，而由「人垣」[20]這個名稱可知。然而自野見宿禰以土俑來陪葬，[21]禁止活人陪葬也已是很久以前的事了。到了武家之世，主人死去時，雖流行切腹殉主，但這更是武士道走到極點、君臣之道演化為強烈的主從關係的時代使然。供奉犧牲的故事在《今昔物語》中只有一件，[22]此外就只有足利時代的築島事件，[23]這些故事皆原產於印度。奴隸制度在人類歷史中甚至早於農業，曾盛行於世界各國，西洋各國自古就大行其道，到

---

19 係指 1903 年至 1906 年發生在俄國的針對猶太人的殘暴迫害事件。沙俄政府為轉移國內矛盾，主導了這場排斥猶太人的運動。這場運動的直接後果是「安錫主義」（Zionism），即所謂「猶太復國主義」的產生。

20 人垣（hitogaki），字面係「人牆」之意，《古事記》中有把人在陵墓周圍排成人牆殉葬的記錄。

21 野見宿禰（Nomino Sukune）係《日本書紀》中登場的勇士，擅長相撲，侍從垂仁天皇，在垂仁皇后葬禮上提出以陶俑、土俑等代替活人陪葬的方案，被賜「土師臣」這一姓氏，其後裔專司天皇葬禮。

22 參見本書第 50 頁譯註 43《今昔物語》。這裏所說供奉犧牲的故事見卷二十六。

23 足利時代指公元 14 世紀到 15 世紀的百年間足利將軍統治的時代，因將軍幕府設在京都的室町，所以通常也把這一時期稱為「室町時代」。在這一時代的舞樂「幸若舞」當中有表現平安時代後期的武人平清盛「築島」——填海造地的曲目，說平清盛在修建兵庫港時，曾埋進去三十人，以作為「人柱」。

了中世紀初，羅馬、里昂都是龐大的奴隸市場。日本過去亦興人身買賣之風，賤民與良人有別，然而關係到賤人處理，殘酷的記載則一個都沒有。人身買賣、誘拐之類的故事只保留在《隅田川》《櫻川》之類的謠曲當中，也無非是某某很被人輕視，不給他火用，也不收他找回的零錢之類。這主要是由於忌諱殺生，又討厭觸穢之故，並非出於人種上的厭惡。

在日本的神話和童話裏，的確很少有那些殘酷的故事。在《格林童話》中經常出現的繼母故事，雖然在日本也有不少，但卻絕對沒有像德國人那樣慘殺繼母的例子。在神話世界，外國的盛行殘酷殺戮，日本的則除了八十神要殺大國命主之外，幾乎找不到這類例子。在「滴沰山」的故事裏，有狸子殺了老太婆並把她的肉給她的老頭子吃的事，[24] 但這恐怕不是日本固有的神話。「滴沰山」的故事起源於神話中的「稻葉白兔」[25]，逐漸轉化為今天的樣子。在這個神話裏，兔子是個狡猾的家伙，欺騙了鱷魚；但在「滴沰山」裏，狸子頂替了神話中的兔子，成了壞蛋，而兔子則成了忠義的化身。狸子不見於上代 [26] 的故事。而多出於鎌倉以後的

---

24 原文為「かちかち山」，此取周作人譯名「滴沰山」，參見本書導讀第25頁。故事講的是一對在山裏種田的老夫婦，總是遭受山中狸子的襲擾，有一天他們抓住了狸子，老太婆說要把狸子做成湯給老爺子喝，但狸子不斷求饒，老爺子不忍心殺牠，就把牠放了，結果狸子殺了老太婆，把老太婆做成湯，然後再搖身一變，化作老太婆，把湯端給老爺子喝。老夫婦的朋友兔子知道這件事後決定替他們報仇，牠在狸子背柴回家的路上，用打火石「卡嗤卡嗤」地點燃了狸子身上的乾柴，燒死了狸子。

25 亦作「因幡白兔」，見《古事記》卷上「大國主神」。

26 上代，參見本書第43頁譯註29「上代」。

著文集裏，因此我以為都是和支那一帶的傳說交織轉化而來的。還有一個故事講烏龜為救治龍宮公主的病，騙取了猴子的肝臟。這個故事幾乎遍佈世界各地。在《本行經》裏有鼈王為了自己的妻子讓烏龜騙取猴肝的故事。這個故事也在世界各地流傳，只是因地方不同，主人公有各種變化，時而鯨魚，時而鼈魚而已；傳到日本來，就變成了《今昔物語》中的故事，又轉而為公主的故事。同書裏還有一個平貞盛治瘡的故事，他聽了醫生的勸告，要找小兒的肝來吃，見自己的兒子左衞門慰的妻子正有身孕，於是便打胎兒的主意去和左衞門慰的妻子商量，遭到拒絕，就取了年輕女傭的肝。但因為是女人不管用，便又打起了別人的主意。平貞盛除了要殘忍地殺害自己的孫子，還白白殺掉了一個女傭。我以為這些為講述殘酷而殘酷的故事，皆源自公主的故事，並非日本的固有之物。到了後世，以生肝入藥的迷信，蓋由此而出。巳年巳月巳時出生的人的生肝可作什麼藥，這種故事在戲劇裏也層出不窮。然而看戲劇裏出現的例子，倒都是為表現一份純樸之心所使用的，主人公或為主君，或為雙親而成為迷信的犧牲者。《朝顏日記》[27]裏，德右衞門聽說眼藥摻上人血可治眼病，便自殺以血獻主人；《合邦辻》[28]裏，玉手御前把寅年寅月寅日的血獻給俊德丸，治好了後者的病，兩者表現的都是自我犧牲精神，而並非像平貞盛那樣為了自己而向他人索取。

27《朝顏日記》又稱《生寫朝顏日記》或《生寫朝顏話》，歌舞伎劇目。
28《合邦辻》，歌舞伎劇目。

日本武士以講究文武兩道為最高理想。上代的「荒魂、和魂」[29] 思想也就是這層意思。如上所言，懂得「物之哀」才是真正的武士。所謂義禮，所謂慈悲都是這種精神。熊谷直實想要放過敦盛，[30] 即此種本色：

　　手到擒來，抓住頭將個頭盔向上掀，露一張剛剛十六七歲的臉來。妝化得很淡，鐵黑之色。不禁心想，若論年齡與我兒小次郎相仿，而竟是這般的美少年……

　　因為做到這一步很難，他才頓悟人生無常，做了法然上人[31] 的弟子。此事讓人想到武士是如何富有惻隱之心。《吉野拾遺》中的楠正行[32] 從暴徒手中救出宮女卻拒受救命，以自己「不久於人世」的理由謝絕了天皇賜嫁的宮女，其行為可謂文雅武士的典

---

29 神道認為神靈具有兩個側面，一面粗野，一面和順，前者帶來自然災害、疾病和人心荒廢，稱作「荒魂」；後者帶來風調雨順，平和安詳，稱作「和魂」。

30 熊谷直實（Kumatani Naozane，1141–1208），日本平安末期、鎌倉前期武士，以驍勇善戰著稱，元曆元年（1181）在一之谷戰役中殺掉十六歲的武將平敦盛（Tairano Atusmori，1169–1184）後出家為僧。這個故事後來被編到淨琉璃或歌舞伎中。

31 法然上人，參見第 49 頁譯註 42。

32《吉野拾遺》是日本南北朝時代（14 世紀 30 年代到 14 世紀末）的故事集，楠正行亦作楠木正行（Kusunoki Masatusra，?–1348），日本南北朝時代的武將，1348 年為南朝出戰北朝，戰死在四條畷。其拒受後村上天皇賜嫁宮女之言，是日本說唱故事裏的名句。

範。而《吉野拾遺》裏的另一個人物阿王丸 **33**，則是個連仇敵也能寬恕的真正的武士，他本來是要殺正儀替父報仇的，結果卻被仇人的厚德所感動而放棄復仇。這個故事和安倍宗任投降義家，遂被感化的故事同出一轍。武人應有能寬恕敵人的情愫。武士既要對主君忠誠，又要對敵人寬恕。楠正行在瓜生野之戰中，搭救了五百多落水的敵卒，發放衣藥，頗費其勞。此事是日本紅十字事業的顯著標誌。當初日本要加入紅十字會時，外國人因照例把日本人看作野蠻人，就來調查日本過去是否也有過紅十字會那樣的事業。日本就用這個例子來回答並因此得以加入紅十字會。在日清、北清、日俄等事件中，日本紅十字會都留下了名副其實的業績。今天就連西洋各國也對日本紅十字會的活動表示驚歎。日本人自古便有這種發想。在《今昔物語》的「平維茂討伐藤原諸任語」裏，餘五將軍下令「放火燒房，凡見女子則救助，見男子則射殺」。**34** 從中可見武士之情，那就是不去加害無力抵抗如女子者。《朝顏日記》裏的駒澤是武士的模範，而岩代卻並非武士的

---

33 又稱熊王丸（Kumaomaru），日本南北朝時代的武士，為替父報仇而做了仇人楠木正儀的家臣，卻為楠木正儀的恩德所累，再下不去手，遂出家當了和尚。

34 見《今昔物語》卷二十五第五。「餘五將軍」原名平維茂（Tairano Koremochi），日本平安時代中期武將，因在家中排行十五，故取名「餘五」，成為將軍後便被叫作「餘五將軍」。

代表。[35]

　日本人自飛鳥和奈良時代起就享受山珍野味，食用野兔、野鹿這些所謂帶毛的東西，卻不吃家畜的肉。到了後世，因受佛教的影響全面禁肉之後也就更不吃家畜了。殺掉自家飼養的動物吃肉，為日本人所不忍。我想即使現在也很少有人會覺得把自家養的雞殺了吃心裏舒服。說開鰻魚店的瞎眼，開雞肉店的兒子生下來會長一身雞皮，都不是來自佛教的迷信，而是來自日本人的本性。日本的畜牧業也因此發達不起來。這種仁慈之心並無道理可講，只是人之常情。「君子遠庖廚」說的也是同一回事。孟子亦云「惻隱之心，人之端也」。窮鳥入懷而獵夫不殺，雖然是支那的故事，卻弘揚於日本。

　近頃有防止虐待動物協會，主張對動物施以慈悲。這也是來自西洋文明的風潮，那裏直到最近才廢除了奴隸制度，其德也逐漸蔭及禽獸。[36] 西洋怎樣不得而知，日本自古以來就找不出任何虐待動物的例證。農夫從不苛待牛馬，倒是常常聽說當他們的馬被

---

35 《朝顏日記》講述了一個男女主人公悲歡離合的愛情故事，駒澤為男主人公，本名阿曾次郎，後因成為官員改名叫駒澤次郎左衛門，他一直在苦苦尋找當初一見鍾情又因公務在身而不得不分開的戀人深雪。深雪因思念自己的戀人而雙目失明，十分珍惜當初分別時戀人在扇面上的題歌《朝顏》，不僅每日念誦，還給自己改名叫「朝顏」。由於男女主人公相互不知對方已改名叫「駒澤」和「朝顏」，徒增了尋找和相逢的難度，但他們彼此矢志不渝之情卻是故事的主題。「岩代」即劇中的一個壞角色岩代多喜太，企圖在駒澤次郎左衛門下榻的旅館裏給駒澤的茶裏投毒，但沒有得逞。

36 防止虐待動物協會最早於 1824 年成立於英國。1902 年 6 月 16 日在東京神田一橋學士會事務所首次舉行日本「防止虐待動物會」（防止虐待動物会）發起人會議，有三十四名有識之士參加，是為該會成立日。

徵用為軍馬拉走時他們的揮淚而別。鹽原多助那樣的實例現在仍多不勝數。那是在一之谷會戰時的事：

　　田山一身緋紅色綴繩的鎧甲，背着夜鷺羽翎箭，騎着一匹名叫「月牙兒」的栗色駿馬，威風凜凜。鞭策此馬，因飛馳起來身呈弓狀有如新月，故得月牙兒之名。行至山頂平地，田山翻身下馬，向前定眼一看，連說不好，如此險惡之地，當回馬輕足。今天兒子靠老子，明天老子靠兒子，誰都有靠得着誰的時候。今天就不叫這馬受累了。說着就把韁繩腹帶扣在一起，長短七寸有餘，將匹大馬綁成個十字，一鼓作氣扛在鎧甲之上，又折下一根直溜溜的米櫧樹當拐棍，拄着一步步地挪到岩道之下。（中略）田山心想，這塊巨岩損馬而不便，頗覺與這馬一往情深：平日騎着你走，今天就背着你吧。**37**

　　武士之情蔭及戰馬。神前之馬自不待言，八幡之鳩、稻荷之狐、山王之猴、春日之鹿，**38** 天地自然，皆為我國民所親。我國民對待禽獸愛心有加，並無虐待之理。日本人懂得去愛天地之美，看到天地之偉力卻不懼怕。日本人不具備深廣的宗教心，因此也就不會出於宗教狂熱而陷入到隨意虐待異教徒的殘酷。戰國末年

---

37 見《源平盛衰記》卷三十七。日本軍記物語之一，主要記錄 12 世紀中葉源氏和平氏兩家盛衰興亡的歷史。

38 八幡、稻荷、山王、春日，皆為日本著名神社的名稱。

耶穌教傳入我國，德川幕府因害怕其威脅國家安全而實施禁教。其對異教信徒雖動刑戮，卻很少有非常殘酷的刑罰。以踏繪來鑒別是否有異教信仰，[39] 我以為是很溫和的處理方式。踏繪也成為俳諧的題材：

　　那腳就要踏上去了，聖母瑪麗亞的像啊！

　　外國的宗教衝突會令人馬上聯想到恐怖而殘忍的刑罰。以愛為目的的天主教用火刑殺掉了多少反對者啊。在歐洲，因宗教常與政治糾纏在一起，所以總是留下血腥的歷史。法蘭西的凱瑟琳在巴多羅買的祭日裏，在巴黎殺害兩千多名新教徒，又在各地殺害七千多名新教徒，實可謂令人悲傷至極。而耶穌自己原本也是個受了猶太從前磔刑的人。在刑罰之法方面，日本人和其他人種相比，並不怎麼苛酷。太古有天罪與國罪之別，正像在《大祓詞》中所見，可以通過被除來祛掉懲罰，出救贖之物以免罪。磔刑在日本到了戰國時代才有，恐怕是耶穌教傳來之後才想到的。雄畧天皇時似動過火刑，但後來卻幾乎聞所未聞，似也是到了近世才開始實行。到了武家時代，拷問的方式似非常嚴酷，但就全體而言，還應該說是相當寬容的。在幕府時代被拉出去示眾，是針對

39 1629 年至 1858 年間德川幕府所實行的對天主教徒的檢舉措施之一，以人們是否肯踏耶穌基督或聖母瑪麗亞的肖像來鑒別其是否有天主教信仰，意在使民「背教」即放棄天主教信仰。

名譽所課加的痛苦。具有武士以上身份的人，能夠仰承切腹，是對其名譽的尊重，因此應該說是最寬大的刑罰。我想，我國的國民性也正像我國氣候的暖熱適中，其止於適度、寬和、中庸，而不走向極端。前面已經說過，我國沒有龐大的建築物，即使從建築學的法則而言，據說日本建築也找不到那種離譜的大手筆。

支那人在歷史中記錄日本的時候雖把日本貶作東夷，但其中必有風俗淳良的記載。「不淫、不妒、不俗、不盜竊爭訟」，在《漢書》《魏志》《晉書》《南史》《梁書》等典籍當中都有同樣的記載。《北史》中也記載：「人頗恬靜，罕爭訟，少盜賊」，性格「質直有雅風」。不待支那人的記述，而只通觀從古而至今日的國史，並不曾有我日本國這般上下和睦、平和而少有慘案的歷史。

上代神話，其實也是和平神話，沒有任何爭奪、任何屠殺和任何戰爭。出雲的神祇們乖乖歸順天孫，顯示出我國國民的性質。這在第一章裏已經談過。我國國民在神話時代就已經是和平的農民。我國神話實際上是以農業為中心的神話。這從女神駕崩後出現糞尿之神，而得罪了素盞鳴尊致使田埂毀壞、溝渠被埋、皇家營田遭殃的結局中可以獲知。此即天之罪之一。豐受大神宮之外宮、保食神、大年神、御年神、《龍田祭祝詞》中的風，《廣瀨祭》中的水（參照本書第三章）等，都是以農業為本的。農業之民，各守其田，安居樂業，喜待豐收，絕不會想着去搶掠他人。西洋人沒有必要擔心日本的黃禍，同時心裏亦應有所準備，那就是日本國民即使受到與其他東亞人乃至所謂有色人種所遭受的同樣的侮辱，也絕不會是服從的國民。天照大神是溫順柔和的，然而這位女神到時也會武裝起來去戰鬥。

結語

以上所述，係余對我國國民性質之所感，其不過余之一己之見，或許有人與余之所感相反也未可知。我國國民以崇祖敬神立國，其後儘管接受了印度和支那文明，卻總是使之相合於自己的國民性而發揚光大。喜愛清淨高潔之風，重視禮節禮儀之事，都與祭祀密切相關；而以現世為理想，注重家族名譽，其風俗亦出自古代的敬神習慣。不作天馬行空的空想，而着重於務實，不齷齪於命運而甘於樂天的灑脫，也都源於此。淡泊瀟灑的氣質、對自然的憧憬、纖巧的技術，加上氣候風土的影響，都同樣不過是本根之民性。武士道在外國人眼中尤其被看作日本的美德，但其實也不外是諸種美德的珠聯璧合乃至結晶。儒者之教理、佛陀之教化都被移植到我國，卻又被發揚光大，而採其長補其短的結果，就是讓今天的日本國成為東洋第一強國。

　　今天，東西文明正相互影響、相互融合，尤其在我國，這種融合正處在再明顯不過的進行中。我國國民性將能永遠保持下去嗎？其會產生怎樣的變化呢？又應該如何去變化呢？教育的指針應該指向哪裏帶領前進呢？這些問題不都是我國國民在今天應該予以思考的重大問題嗎？有國民拒絕對神靈敬禮，有子女為爭奪財產而把父母告上法庭，今天的家庭已經很少看到有人祭祀神龕，而有的地方丈夫對妻子竟然也加上尊稱。個人主義、世界主義、社會主義都逐漸在國民之間擴散開來，生存競爭日甚一日地

把壓力加到個人之上、國家之上。五節供¹的悠長之雅，已不適合現在課程多的孩子。新文學發自接觸了新文明的國民的筆端，正試圖去喚醒尚在古老文明中沉睡的國民。在與音樂繪畫相關的一般趣味上，日本的舊式趣味也正遭受打擊。磚石結構的房屋一幢幢地蓋起來，清淡的日本料理也要讓位給味濃色重的西餐，武士氣質正變為商人氣質。戲劇正被改良，和歌也將被改良。舊有的語言習慣將隨着新教育的展開而被撲滅。嗚呼，在這個過渡的時代，一切真有如裝滿人偶的戲法箱，不知會變出佛還是變出鬼。大凡個人，其長處也正是他的短處，而應該知道，在我民族的美德深處，亦並非未隱藏缺點，既然走上了世界舞台，那麼也就要有這方面的自知之明，該變則變，該守則守，倘能了解我們的過去，採納新來之長，充分做好這方面的精神準備，今日之時將正是一個孕育希望前途的時代。我想，今天的日本假如做不到這一點，那麼將無顏面對祖先。

---

1 五節供，指一年中的五個節日：正月七「七草節」，三月三「雛祭」，五月五「端午節」，七月七「七夕節」，九月九「重陽節」。

附錄

附錄一　與本書相關的日本史簡表

	時代	公元紀年	天皇	年號	事項	中國
上代	大和時代	593年	推古	推古一年	604年制定十七條憲法 大化革新 〔佛教〕〔論語〕 〔飛鳥文化〕〔白鳳文化〕 〔712年古事記〕 〔720年日本書紀〕 〔759年萬葉集〕	581年隋建立 618年唐建立
		645年	德極	大化一年		
	奈良時代	710年	元明	和銅三年		
中古	平安時代	794年	桓武	延曆十三年	遷都平安	907年唐亡 960年北宋建立 1127年南宋建立
		1086年	堀河	應德三年	白河上皇開始實行院政	
		1156年	後白河	保元一年	保元之亂〔鳥羽天皇〕	
		1159年	二條	平治一年	平治之亂〔後白河天皇〕 〔源氏物語〕〔枕草子〕 〔延喜式〕	
中世	鎌倉時代	1192年	後鳥羽	建久三年	賴朝出任征夷大將軍，開始武家政治時代。 〔能樂〕〔狂言〕 〔軍記物語〕	1271年元建立
	室町時代	1333年	後醍醐	元弘二年	鎌倉幕府覆滅，後醍醐天皇幸還京都。因足利將軍設幕府於京都室町，由是開啟室町時代。 〔1336-1392「南北朝時代」〕〔神皇正統記〕 〔1467-1573「戰國時代」〕 〔淨琉璃〕〔歌舞伎〕	1368年明建立

近世	安土桃山時代	1576 年	正親町	天正四年	織田信長開始構築安土城，開啟安土桃山時代。〔織田信長〕〔豐臣秀吉〕	
	江戶時代	1603 年	後陽成	慶長八年	德川家康出任征夷大將軍，在江戶設立幕府，開啟江戶時代。〔落語〕〔講談〕〔俳句〕〔芭蕉〕〔蕪村〕〔一茶〕〔川柳〕〔赤穗四十七義士〕〔忠臣藏〕	1644 年清建立
		1867 年	明治	慶應三年	德川慶喜將軍上表「大政奉還」，幕府政權結束。	
近代	明治時代	1868 年	明治	明治一年	明治天皇公佈《五條御誓文》，開啟明治時代。〔1894－1895 日清戰爭〕〔1904－1905 日俄戰爭〕〔尾崎紅葉 金色夜叉〕	
		1912 年	明治	明治四十五年	7 月 30 日明治天皇崩，明治時代結束。	1912 年中華民國建立

資料來源：本表由譯者李冬木整理並製作

附錄二　明治時代「食人」言說與魯迅的《狂人日記》

一、前言：明治時代相關語境的導入

魯迅小說《狂人日記》是中國現代文學奠基作，也是作者以「魯迅」的筆名發表的第一篇作品。該文作於 1918 年 4 月，登載在同年 5 月出刊的《新青年》雜誌四卷五號上。由於事關中國現代文學以及作家「魯迅」之誕生，九十多年來（編按：本文發表於 2012 年），《狂人日記》及其相關研究在中國現代文學研究史和魯迅研究史中佔有重要一頁。僅中國知網數據庫所收論文數就已超過一千四百篇，在史家著述裏甚至有「狂人學史」這樣的提法。[1]

其中，《狂人日記》是怎樣寫作的？其創作過程是怎樣的？一直是很多論文探討的重要課題。不過論述的展開還都大抵基於魯迅自己所作的「說明」，[2] 即作品「形式」借鑒於果戈理的同名小說，而「禮教吃人」的主題則「乃悟」於《資治通鑒》。這在魯迅研究當中已經作為一種常識被固定下來。而實證研究亦業已

1　參閱張夢陽著：《中國魯迅學通史》六卷本，廣州：廣東教育出版社，2005 年。在該通史中，以單篇作品研究而構成「學史」的只有《阿 Q 正傳》和《狂人日記》兩篇 —— 參閱下卷一：第十三章「阿 Q 學史」和第十四章「狂人學史」。

2　參見《且介亭雜文・〈中國新文學大系〉小說二集序》，《魯迅全集》第六卷；1918 年 8 月 20 日致許壽裳，第十一卷，北京：人民文學出版社，1981 年。本文引文皆出自該版。

在事實關係上明示出魯迅對果戈理的借鑒：「狂人日記」這一作品名和「日記」形式直接取自明治四十年（1907）《趣味》雜誌第二卷第三、四、五號上連載的「長谷川二葉亭主人」（即二葉亭四迷，Futaba Teishimei，1864–1909）自俄語譯成日語的果戈理的《狂人日記》。[3] 然而，在與作品主題相關之處卻還留有若干疑問，比如魯迅説他「偶閲《通鑒》，乃悟中國人尚是食人民族，因成此篇」[4]，那麼他讀到的是《資治通鑒》裏的哪些記述，而他又是通過怎樣的契機去「偶閲《通鑒》」的呢？這些問題都與作品「吃人」意象的創出密切相關卻又懸而未決。

《狂人日記》給讀者帶來最具衝擊力的閱讀體驗，便是「吃人」意象的創造。「吃人」這一意象令主人公「狂人」恐懼，也強烈震撼着讀者。全篇四千八百七十字，「吃人」一詞出現二十八次，平均每一百七十字出現一次，其作為核心語詞支撐和統領了全篇，成為表達作品主題的關鍵。不僅如此，正像在《熱風》（四十二、

---

3 姚錫佩：《魯迅初讀〈狂人日記〉的信物 —— 介紹魯迅編定的「小説譯叢」》，載北京魯迅博物館、魯迅研究室編：《魯迅藏書研究》，1991 年。在起草本稿之際，筆者重新確認了《趣味》雜誌連載的三期，獲得了更為詳細的版本信息，茲列如下，以作為補充。又，姚文將明治四十年標為公元 1906 年也是不對的，應為 1907 年。

狂人日記（ゴーゴリ原作）二葉亭主人訳〔目録訳者名：長谷川二葉亭主人〕
　趣味　第二巻第三號（一至五頁）明治四十年〔1907〕三月一日

狂人日記（ゴーゴリ原作）（承前）二葉亭主人訳〔目録訳者名：長谷川二葉亭主人〕
　趣味　第二巻第四號　明治四十年四月一日（一至十四頁）

狂人日記（ゴーゴリ原作）（承前）二葉亭四迷訳〔目録訳者名：長谷川二葉亭主人〕
　趣味　第二巻第五號　明治四十年五月一日（一五一至一六一頁）

4 1918 年 8 月 20 日致許壽裳，《魯迅全集》第十一卷，353 頁。

五十四，1919）和《燈下漫筆》（1925）等篇中所看到的那樣，「吃人」這一意象還拓及文明史批評領域，並使其成為貫穿「魯迅」整體的一個關鍵詞。那麼，「吃人」這一意象為什麼會被創造出來？它又是怎樣被創造的呢？本文旨在就此嘗試一種思路，那就是把日本明治時代有關「吃人」的言說作為一種語境導入到《狂人日記》這篇作品的研究中來。

如果先講結論的話，那麼筆者以為，《狂人日記》中「吃人」這一意象是在日本明治時代相關討論的知識背景下創造出來的，或者可以說明治時代關於「吃人」的言說為《狂人日記》的創作提供了一個「母題」。

當然這還只是一個假說。為講清楚這個問題，也就有必要暫時離開《狂人日記》，而先到明治時代的「言說」中去看個究竟，看看那個時代為什麼會有「吃人」這一話題以及這一話題是被如何談論的。

二、明治時代以來有關「食人」或「人肉」言說的基本文獻

在日語當中，「吃人」一詞的漢字寫作「食人」。筆者以「食人」或「人肉」為線索，查閱了相關文獻並獲得初步認識：日本近代以來關於「食人」或「人肉」的言說，發生並成形於明治，完善於大正，延續到昭和乃至現在。

日本近代以來年號與公曆年之對應關係如下（本文以漢字數字表示日本年號，阿拉伯數字表示公元紀年）：

明治歷時四十五年：1868 年 9 月 8 日–1912 年 7 月 29 日。

大正歷時十五年：1912 年 7 月 30 日–1926 年 12 月 24 日。

昭和歷時六十四年：1926 年 12 月 25 日–1989 年 1 月 7 日。

現在是平成年號：1989 年 1 月 8 日至今，2011 年為平成二十三年。

就與《狂人日記》相關的意義而言，文獻調查的重點當然是放在明治時期，但考慮作為一種「言說」的延續性和魯迅創作並發表這篇作品的時期在時間上與大正有很大的重合，故文獻調查範圍也擴大到大正末年。這樣，就獲得了明治、大正時期有關「吃人」或「人肉」言說文獻的「總量輪廓」。這裏所說的「總量」是指筆者調查範圍內所獲文獻總量，那肯定是不完整的，因此呈現的只能是一個「輪廓」。不過，即便是「輪廓」，相信其中也涵蓋了那些主要的和基本的文獻。請參見圖表 1。[5]

圖表 1：明治、大正時期有關「吃人」或「人肉」言說的出版物統計

出版物種類及期間 年代	書籍 1882–1912； 1912–1926	雜誌 1879–1912； 1913–1926	《讀賣新聞》 1875.6.15– 1912.4.9 1913.9.4– 1926.5.31	《朝日新聞》 1881.3.26– 1911.3.24 1913.10.20– 1926.10.29	總數
明治時期	34	20	22	49	125
大正時期	28	15	29	64	136
分類合計	62	35	51	113	261

---

5 因篇幅所限，各文獻信息列表在此從略，今後有機會將附於文後。

如表所示，查閱的對象是明治、大正兩個時期的基本出版物，具體區分為書籍、雜誌和報紙；報紙只以日本兩大報即《讀賣新聞》和《朝日新聞》為代表，其餘沒納入統計範圍。從調查結果可以知道，在自 1875 年到 1926 年的半個世紀裏得相關文獻 261 件。這些文獻構成本論所述「言說」的基本話語內容及其歷程。不過，這裏還有幾點需要加以說明：

（1）兩份報紙相關文獻數總和雖然多於書籍、雜誌相關文獻數總和，呈一百六十四對九十七之比例，但在體現「言說」的力度方面，在內容的豐富、系統和深度上都無法與書籍、雜誌相比，因此，在本論當中，報紙只作參閱文獻來處理。

（2）作為文獻主體的書籍和雜誌，時間跨度四十七年（1879–1926），數量為九十七件，綜合平均，大約每年兩件，基本與該「言說」的呈現和傳承特徵相一致，那就是既不「熱」，也不「冷」，雖幾乎看不到集中討論，其延續性探討卻一直存在，呈涓涓細流源源不斷之觀。

（3）書籍的數量明顯多於雜誌裏的文章，但兩者存在着相互關聯，一些書籍是由先前發表在雜誌上的文章拓展而成的。同時也存在着同一本書再版發行的情況。

三、有關「食人」或「人肉」言説的時代背景及其成因

那麼，為什麼明治時代會出現有關「食人」或「人肉」即 Cannibalism 的言説？或者説為什麼會把「食人」或「人肉」作為一個問題對象來考察、來討論？其時代背景和話題背景又是怎樣

的呢？當然，若求本溯源去細究，那麼便肯定會涉及「前史」，這裏擬採取近似算數上的「四捨五入」方式，姑且把話題限制在明治時代。從這個意義上講，「文明開化」便顯然是「食人」言說的大背景。這一點毫無疑問。不過除此之外，私以為至少還有三個具體要素值得考慮：（1）「食用牛肉之始」；（2）知識的開放、擴充與「時代趣味」；（3）摩爾斯關於大森貝塚的發現及其相關報告。

首先是「食用牛肉之始」。讓一個從沒吃過肉的人討論「肉」是不現實的，更何況涉及到的還是「人肉」。從這個意義上說，明治時代的開始食用牛肉及其相關言論便構成了後來「食人」或「人肉」言說的物質前提和潛在話語前提之一。

那個時代對「肉」的敏感，遠遠超乎今天的想象。伴隨着「文明開化」，肉來了，牛肉來了，不僅帶來嗅覺和味覺上的衝擊，更帶來精神意識上的震撼。接受還是不接受？吃還是不吃？對於向來不吃肉並且視肉為「不潔之物」的絕大多數日本人來說，遭遇到的當是一次大煩惱和大抉擇。儘管日本舉國後來還是選擇了「吃」，並最終接受了這道餐桌上的「洋俗」，但其思想波紋卻鮮明地保留在了歷史記錄當中。明治五年（1872）農曆正月二十四日，天皇「敕進肉饌」：「時皇帝 …… 欲革除嫌忌食肉之陋俗，始敕令進肉饌，聞者嘖嘖稱讚睿慮之果決，率先喚醒眾庶之迷夢。」[6]

---

6 山田俊造、大角豐次郎『近世事情』五編卷十一，4頁。全五編十三卷，明治六至九年（1873–1876）刊。

「吃肉」等於「文明開化」，對之加以拒絕，「嫌忌食肉」則是「陋俗」「迷夢」，要被擺在「革除」和「喚醒」之列，天皇率先垂範，其行為本身便構成了「明治啟蒙」的一項重要內容。石井研堂（Ishii Kendo，1865–1943）《明治事物起原》有專章記述「食用牛肉之始」，[7] 這裏不作展開。總之，自那時起，日本上下共謀，官民一體，移風易俗，開啟了一個食肉的「文明時代」。

誠如當時的戲作文學家假名垣魯文（Kanagaki Robun，1829–1894）所著的滑稽作品《安愚樂鍋》（安愚楽鍋）所記：「士農工商，男女老幼，賢愚貧富，爭先恐後，誰不吃牛鍋誰就不開化進步。」[8] 魯迅後來有文章挖苦留學生「關起門來燉牛肉吃」，跟他「在東京實在也看見過」有關，[9] 追本溯源，也都是當初「吃牛肉即等於文明開化」之影響的遺風。

明治時代的「文明開化」，不僅引導了日本國民的食肉行為，也在客觀上喚起了對「肉」的敏感與關注，而「人肉」和「吃人肉」也當然是這種關注的潛在對象。例如，既然「吃肉」是「開化」，是「文明」的，那麼緊接着的問題就是，當得知同一個世界上還存在「食人肉人種」時，該去如何評價他們的「吃肉」？如果按照當時的「文明論」和「進化論」常識，將這類人種規定為「野

7　石井研堂『明治事物起原』「牛肉食用之始」有不同版本：橋南堂，明治四十一年（1908）版，403–416 頁；日本評論社，昭和五十九年（1984）版，『明治文化全集・別卷』，1324–1333 頁。

8　假名垣魯文『牛店雜談安愚楽鍋』初編，5 頁，早稻田大學圖書館藏。

9　《華蓋集續編・雜論管閒事・做學問・灰色等》，參見《魯迅全集》第三卷，22–23 頁。

蠻人種」，從而認定「吃肉的我們」與「吃肉的他們」本質不同，存在文野之別，而當陸續得知包括自己在內的世界「文明人種」也可能「吃人」時，又會產生怎樣一種混亂？筆者以為，這些都是「食用牛肉之始」的實踐後預設下的關係到「吃人」或「人肉」言說的潛在問題，具有向後者發展的很大暗示性。

其次，是知識的開放、擴充與「時代趣味」。對明治時代來說，「文明開化」當然並不僅僅意味着吃肉，這一點毋庸贅言；更重要的還是啟蒙，導入新知，放眼看世界。明治元年（1868）四月六日，明治天皇頒佈《五條誓文》，也就是明治政府的基本施政方針，其第五條即為「當求智識於世界」[10]。借用西周（Nishi Amane，1829–1897）的「文眼」，可以說這是一個「百學連環」而又由 philosophy 創設出「哲學」這一漢字詞彙的時代。[11] 由《明六雜誌》和《東京學士會院雜誌》所看到的知識精英們對「文

10 「御誓文之御寫」，『太政官日誌』第一冊，慶応（編按：慶應）四年，国会図書館近代デジタルライブリー。

11 西周屬於明治時代首批啟蒙學者，曾在明治維新以前往荷蘭留學，精通漢學並由蘭學而西學，在介紹西方近代科學體系和哲學方面作出了開創性貢獻。其將 Encyclopedia（百科全書）按希臘原詞字義首次譯成「百學連環」，而《百學連環》亦是其重要著作，奠定了日本近代「學科」與「科學」哲學體系的基礎。現在日本和中國所通用的「哲學」一詞也是西周由 philosophy 翻譯過來的。

明」的廣泛關注自不待言，**12** 其中就有關於「食人肉」的話題。
這一點將在後面具體展開。民間社會亦對來自海內外的類似新鮮
事充滿好奇與熱情。因此，所謂「食人」或「人肉」言說，便是
在這種大的知識背景下出現的。對於一般「庶民」來說，接觸這
類「天下奇聞」主要還是通過報紙和文學作品。例如明治八年
（1875）六月十五日《讀賣新聞》和《朝日新聞》同日報道同一則
消息說，播州一士族官員與下女私通，被「細君」即太太察知，
趁其外出不在時殺了下女，並割下股肉，待官員歸宅端上「刺
身」；《讀賣新聞》翌年十月十九日援引一則《三重新聞》的報道
說，斐濟島上最近有很多食人者聚集，出其不意下山捕人，已有
婦女兒童等十八人被吃。在本論所掌握的「言說文獻」中，還有
明治十五年（1882）出版的清水市次郎《繪本忠義水滸傳》，其
第五冊卷之十四，便是《母夜叉孟州道賣人肉》的標題 ——
當然是用日文。不過，與這類日本庶民早已耳熟能詳的東方故事
相比，來自西洋的「人肉故事」似乎更能喚起人們的好奇心。莎
士比亞（Shakespeare William，1564–1616）的《威尼斯商人》由
井上勤（Inoue Tsutomu，1850–1928）譯成日文並於明治十六年
（1883）十月由東京今古堂出版俊，在短短的三年內至少重印六種

---

12 《明六雜誌》為明治初期第一個啟蒙社團明六社的機關刊物，明治七年（1874）四月
二日創刊，明治八年（1875）十一月十四日停刊，共出四十三號，對「文明開化」期
的近代日本產生了極大的啟蒙影響。《東京學士會院雜誌》為明六社的後繼官辦團體
東京學士會院的機關刊物，對科學啟蒙產生了重要影響。兩種雜誌都表現出對近代自
然科學和人文科學的廣泛關注。

版本 [13]，這還未計雜誌上的刊載和後來的原文講讀譯本。該本之所以被熱讀，依日本近代「校勘之神」神代種亮（Kojiro Tanesuke，1883–1935）的見解，該本「看點」有二，一是「題名之奇」，二是「以裁判為題材」，二者皆投合了當時的「時尚」。[14] 所謂「題名」非同現今日譯或漢譯譯名，而是《西洋珍說人肉質入裁判》。日文「質入」一詞的意思是抵押，「裁判」的意思是法院審判，用現在的話直譯，就是《人肉抵押官司》。很顯然，「人肉」是這個故事的「看點」。威尼斯富商安東尼奧為了成全好友巴薩尼奧的婚事，以身上的一磅肉作抵押，向猶太高利貸者夏洛克借債，從而引出一場驚心動魄的官司，對於當時的讀者來說是令人歎為觀止的「西洋珍說」，用神代種亮的話說，就是體現了「文明開化期日本人所具有的一種興趣」[15]。

事實上，文學作品始終是這種時代「興趣」和「食人」言說的重要承載，除了《人肉質入裁判》外，同時代翻譯過來的《壽

---

13 這六種版本為：（1）英國西斯比亞著、日本井上勤訳：『西洋珍説人肉質入裁判』，東京古今堂，明治十六年（1883）十月；（2）東京古今堂，明治十九年（1886）六月；（3）東京闔花堂，明治十九年八月；（4）東京鶴鳴堂，明治十九年八月；（5）東京鶴鳴堂二版，明治十九年十一月；（6）東京廣知社，明治十九年十一月。

14 『人肉質入裁判解題』，明治文化研究會（明治文化研究会）編：『明治文化全集』，第十五卷，《翻訳文芸篇》，日本評論社，1992年，30頁。

15 同上。

其德奇談》[16] 和後來羽化仙史的《食人國探險》[17]、澀江不鳴的《裸體遊行》[18] 等都是這方面的代表作。

然而「人肉故事」不獨囿於獵奇和趣味範圍，也擴展為新興科學領域內的一種言說。尤其是美國動物學者摩爾斯（Edward Sylvester Morse，1838–1925）的到來，既為日本帶來了「言傳身教」的進化論，也將關於「吃人」的言說帶入進化論、人類學、法學、經濟學乃至文明論的領域。這就是接下來將要介紹的摩爾斯關於大森貝塚的發現及其相關報告。

摩爾斯出生於美國緬因州波特蘭市，自 1859 年起兩年間在哈佛大學擔任著名海洋、地質和古生物學者路易・阿卡西（Jean Louis Rodolphe Agassiz，1807–1873）教授的助手並旁聽該教授的講義。在此期間剛好趕上達爾文（Charles Robert Darwin，1809–1882）《物種起源》（1859）出版發行，摩爾斯便逐漸傾向進化論。1877年即明治十年六月，他為研究腕足動物私費前往日本考察，旋即被日本文部省聘請為東京大學動物學和生理學教授。摩爾斯是第一個在日本傳授進化論、動物學、生物學和考古學的西方人，其在東京大學任教期間所作的進化論和動物學方面的講義，由其東

---

16 スコット著『寿其德奇談』，明治十八年（1885）十一月，内田彌八刊刻。

17 大學館（大学館）「冒險奇怪文庫」第十一、十二編，明治三十九年（1906）。2008年冬蒙復旦大學龍向洋先生教示，獲知該本有中譯本，即羽化仙史著、覺生譯：《食人國探險》（『食人国探険』），保定：河北粹文書社，1907 年，現藏北京師範大學圖書館。

18 出版社不詳，明治四十一年（1908）。

大聽講弟子石川千代松（Ishikawa Chiyomatsu，1860–1935）根據課堂筆記相繼整理出版，其《動物進化論》（萬卷書房，1883）和《進化新論》（東京敬業社，1891），都是公認的進化論在日本的早期重要文獻，[19] 也是魯迅到日本留學之後學習進化論的教科書[20]。摩爾斯的最大貢獻，也是他到日本的最大收穫，是大森貝塚的發現。大森貝塚位於現在東京都品川區和大田區的交匯處，是1877年6月19日摩爾斯乘火車由橫濱往新橋途中，經過大森車站時透過車窗在眼前的一座斷崖處偶然發現的。這是一座日本「繩文時代」（一萬六千年前到三千年前）的「貝塚」，保留了豐富的原始人生活痕跡，摩爾斯於同年9月16日帶領東大學生開始發掘，出土了大量的貝殼、土器、土偶、石斧、石鏃、鹿和鯨魚乃至人的骨片等，這些後來都成為日本重要的國家文物。1879年7月摩爾斯關於大森貝塚調查發掘的詳細報告由東京大學出版，題目為 "Shell Mounds of Omori"。[21] 大森貝塚的發現與摩爾斯的研究報告在當時引起轟動，其中最具衝擊力的恐怕是他基於出土人骨所作的一個推論，即日本從前曾居住着「食人人種」。不難想象，當1878年6月他在東京淺草須賀町井深村樓當着五百多名聽眾的面，首次

---

19 金子之史『モースの「動物進化論」周辺』，『香川大学一般教育研究』第十一號，1977年。

20 參見中島長文「藍本『人間の歴史』」，『滋賀大国文』，1978、1979年。

21 『東京大学文理学部英文紀要』（Memoirs of the Science Department, University of Tokio）第一卷第一部。

披露自己的這一推論時，[22] 對於正在「文明開化」的近代化道路上匆忙趕路的「明治日本」來說，引起的該是怎樣一場心靈震撼。

很顯然，除了整個時代的文化大背景外，摩爾斯的上述見解，構成了此後關於「吃人（食人）」或「人肉」言說「科學性」展開的主要契機。

四、摩爾斯之後關於「食人」言説的展開

最早將摩爾斯的上述見解以日文文本形態傳遞給公眾的，是明治十二年（1879）東京大學出版會出版的《理科會粹》第一帙上冊，在《大森介墟古物篇》內的《食人種之證明》這一小標題下，明確記述着摩爾斯的推斷，譯文如下：

在支離散亂的野豬和鹿骨當中，往往會找到人骨……沒有一具擺放有序，恰和世界各地介墟所見食人遺跡如出一轍。也就是說，那些人骨骨片也同其他豬骨鹿骨一道在當時或為敲骨吸髓，或為置入鍋內而被折斷，其留痕明顯，人為之斑跡不可掩，尤其在那些人骨的連筋難斷之處，可以看到留在上面的最深而且摧殘嚴重的削痕。[23]

---

22 『大森村発見の前世界古器物について』，『なまいき新聞』第三、四、五號，明治十一年（1878）七月六日、十三日、二十日。『大森貝塚』「関連資料（三）」，近藤義郎、佐原真訳，岩波書店，1983 年。

23 矢田部良吉口述，寺内章明筆記。在『大森貝塚』一書中為「食人の風習」部分。

這是摩爾斯推斷日本遠古時代存在食人風俗的關鍵性的一段話。私以為，這段話在思想史上的意義恐怕比作為考古學的一項推論更加重要，因為自摩爾斯開始，所謂「食人」就不一定只是「他者」的「蠻俗」，而是與日本歷史和日本精神史密切相關的自身問題。換句話說，就是一個將「他者」轉化為「自己」的問題。日本過去也存在過食人人種嗎？也有過食人風俗嗎？在這些問題的背後，就有着自己可能是食人者的後裔這樣一種惶惑。事實上，此後許多具有代表性的重要論文和書籍，都是圍繞摩爾斯的這一論斷展開的，也可以說「摩爾斯」是後續「食人」言說的所謂「問題意識」。

作為對摩爾斯的「反應」，最為引人注目的是「人類學會」的成立和該學會雜誌上發表的相關文章。「人類學會」後改稱「東京人類學會」，正式成立於明治十九年（1886）二月，會刊《人類學會報告》，後來伴隨學會名稱的變化相繼改稱《東京人類學會報告》和《東京人類學會雜誌》，其當初的關注對象是「動物學以及古生物學上之人類研究、內外諸國人之風俗習慣、口碑方言、史前或史上未能詳知之古生物遺跡等」[24] 方面的研究，目的「在於展開人類解剖、生理、發育、遺傳、變遷、開化等研究，以明人類自然之理」[25]。很顯然，最早這是一個「以學為主」的學生同人團體。不過他們在生物學和考古發掘方面的興趣卻是「大學教

---

[24] 『人類学会報告』第一號首頁，明治十九年二月。
[25] 「人類学会略則」，出處同上。

授摩爾斯君於明治十二年在大森貝塚」的發掘、採集以及各種相關演說引起的 —— 據發起人之一坪井正五郎（Tsuboi Shogoro，1863–1913）介紹，他們此後也開始對日本古人類生活遺跡展開獨立調查與發掘，並有所發現，同時也展開討論，每月一次例會，到學會成立時已開過十四次例會，而第十五次例會報告便是《人類學會報告》「第一號」，[26] 成員也由當初的四名「同好」發展到二十八人，[27] 而此後人數更多，遂成為日本正規的人類學學術研究機構。

「食人」「食人種」「食人風俗」等當然也是「人類學」感興趣的課題之一，見於會刊上的主要文章和記事有（「」內為日文原標題篇名，『』為書名，下同）：

（1）入澤達吉「人肉を食ふ説」（食人肉説），第二卷第十一號，明治二十年（1887）一月。

（2）寺石正路「食人風習に就いて述ぶ」（就食人風習而述），第四卷第三十四號，明治二十一年（1888）十二月。

（3）寺石正路「食人風習論補遺」，第八卷第八十二號，明治二十六年（1893）一月。

（4）鳥居龍藏「生蕃の首狩」（野蠻部落之獵取人頭），第十三卷第一百四十七號，明治三十一年（1898）六月。

（5）『食人風習考』（作者不詳，介紹寺石正路同名著作），

---

26 參見坪井正五郎「本会略史」，出處同上。

27 參見「第一號」所載「会員姓名」。

同上。

（6）伊能嘉矩「台湾における食人の風俗（台湾通信ノ第二十四回）」（台灣的食人風俗，台灣通信之第二十四回），第十三卷第一百四十八號，明治三十一年（1898）七月。

（7）今井聰三節譯「食人風俗」，第十九卷第二百二十號，明治三十七年（1904）七月。

其中（1）和（7）是對西方學者相關「食人」的調查與研究的介紹；（2）（3）（5）都與寺石正路（Teraishi Masamichi，1868–1949）有關，事實上，在「食人」研究方面，明治時代做得最為理論化和系統化的就是寺石正路。他不僅提供了豐富的「食人」事實，而且也試圖運用進化論來加以闡釋；他和其他論者一樣，不太同意摩爾斯關於日本過去「食人」的推斷，但又是在日本舊文獻中找到「食人」例證最多的一個研究者。1898 年，他將自己的研究集成專著作為東京堂「土陽叢書第八編」出版，書名為《食人風俗考》。（4）和（6）是關於台灣「生藩」「食人」的現地報告，與甲午戰後日本進駐台灣直接相關。

除了上列《東京人類學會雜誌》上發表的文章外，「人類學」方面的書籍和論文至少還有兩種值得注意，一種是英國傳教士約翰・巴奇拉（John Batchelor，1854–1944）所著《愛奴人及其說話》（1900），**28** 另一種是河上肇的論文《食人論 —— 論作為食料的人

---

28 ジエ-・バチエラ著《アイヌ人及其說話》上編，明治三十三年（1900）十二月；中編，明治三十四年（1901）九月。

肉》（1908）。[29] 巴奇拉自明治十六年（1883）起開始在日本北海道傳教，對愛奴人有深入的觀察和研究，該書是他用日語所作關於愛奴人的專著，是此前他用英文所寫論文的內容總匯，對日本的愛奴人研究產生了巨大影響。其第二章《愛奴人之本居》開篇就說：「愛奴最早居住在日本全國；富士山乃愛奴之稱呼；愛奴為蝦夷所驅逐；愛奴乃食人肉之人種也。」[30] 由此「食人肉」也成為愛奴人的一種符號。河上肇是經濟學家，也是將馬克思主義經濟學導入東亞的重要學者，在後來中國追求「社會主義」的年輕學子當中也很有魅力，1924 年郭沫若在翻譯完了他的《社會組織與社會革命》後還要再譯《資本論》都與之相關。他於 1908 年發表的這篇論文當然不乏「作為食料」的經濟學意義上的考慮，事實上他後來也將該篇論文納入到「經濟學研究」的「史論」當中。[31] 但總體上來說，他實際是通過這篇論文來參與他並不是特別熟悉的「人類學」領域的討論，而且主要用意在於「論破」摩爾斯的日本古人食人風俗說。[32]

摩爾斯與河上肇前後整整有三十年的間隔，三十年後不同領域的人特意以兩萬多字的長篇大論來作反駁，亦足見摩爾斯的

29 《雜錄：食人論 — 食料トシテノ人肉ヲ論ス》，《京都法学会雜誌》第三卷十二號，明治四十一年（1908）。

30 《アイヌ人及其說話》上編，5 頁。

31 『經済学研究』下篇，史論：第八章　食人俗略考，博文館，大正元年（1912）；後收入『河上肇全集』第六卷，岩波書店，1982 年。

32 《河上肇全集》第六卷，305–306 頁。

影響。

此外，「食人」言説也衍及法學領域，引起相關的法律思考。在法學雜誌上可以看到同船漂泊因缺少食物而吃掉同伴的「國際案例」；而在探討老人贍養問題的專著中，亦有很大篇幅涉及到與「食人」有關的法律問題。前者以原龜太郎、岸清一《漂流迫餓食人件》[33] 為代表，後者以穗積陳重（Hozumi Nobushige，1856–1926）《隱居論》[34] 為代表，而在上面提到的河上肇的論文亦對這兩種資料有廣泛的引用。

總之，「食人」言説憑藉新聞媒體和文學作品的承載，作為整個明治時代的一種「興趣」而得以在一般社會延續，同時作為一個學術問題也於考古學、進化論、生物學、人類學、民族學、社會學、法學乃至文明論等廣泛的領域展開，摩爾斯無疑為這一展開提供了有力的契機。在這個前提下，接下來的內容便可具體化到這樣一個問題上來，那就是明治時代「食人」言説中的「支那」。

五、「支那人食人肉之説」

在整個明治時代的「食人」言説中，所謂「支那人食人肉之説」佔了相當大的比重。從一個方面而言，也是中國歷史上大量相關史料記載為「食人」這一話題或討論提供了豐富的素材。事實上，在摩爾斯作出日本過去存在「食人人種」的推斷後，對其

---

33 『法学协会雑誌』第二卷第七十一號，明治二十二年（1889）。

34 哲學書院（哲学書院）「法理学叢書」，明治二十四年（1891）。

最早作出回應的論文就是神田孝平（Kanda Takahira，1830–1898）的《支那人食人肉之説》，該文發表在明治十四年（1881）十二月發行的《東京學士會院雜誌》第三編第八冊上。[35]

神田孝平是明治時代首批知識精英中的一員，亦官亦學，為明治開化期的啟蒙作出重要貢獻。他不僅在《明六雜誌》上就「財政」「國樂」「民選議員」「貨幣」「鐵山」等問題展開廣泛論述，[36] 也是承繼於前者的國家學術機構 —— 日本學士會院的七名籌辦者[37] 和首批二十一名會員之一，還擔任過副會長和幹事。[38] 當坪井正五郎等青年學生籌辦成立「人類學會」之際，他又以「兵庫縣士族」身份獎掖後學，出任會刊《人類學會報告》的「編輯並出版人」，而且在該刊上先後發表過三十九篇文章，成為日本近代「人類學」濫觴和發展的有力推動者。[39]

《支那人食人肉之説》是神田孝平的一篇重要論文，雖然未

---

35 神田孝平述「支那人人肉ヲ食フノ說」。

36 神田孝平發表過八篇論文，分別見於『明六雜誌』第十七、十八、十九、二十二、二十三、二十六、三十三、三十七號。

37 參閱『日本学士院八十年史』第一編第一章「東京学士会院の設立」，日本學士院（日本学士院），昭和三十七年（1904），65 頁。神田孝平是在提交給文部大臣「咨詢書」上簽名的七位學術官員之一。

38 『日本学士院八十年史（資料編一）』，17–18 頁。

39 參見『人類学会報告』第一號版權頁，明治十九年（1886）二月；『東京人類学雜誌』第十三卷第百四十八號所載「男爵神田孝平氏の薨去」「故神田孝平氏の論說報告」「記念図版」，明治三十一年（1898）七月二十八日。ほかにも次のような参考文献がある。

提摩爾斯的報告，卻被視為是對摩爾斯的間接回應，[40] 其所提出的問題是：野蠻人吃人並不奇怪，那麼「夙稱文明之國，以仁義道德高高自我標榜」的「支那」，自古君臣子民食人肉之記載不絕於史，又該作何解釋呢？這在當時確是人類學所面臨的問題，同時也是歷史學、社會學乃至文明論所面臨的問題。三十八年後，吳虞在五四新文化運動時期藉魯迅《狂人日記》的話題，將「吃人」與「禮教」作為中國歷史上對立而並行的兩項提出，其精神正與此相同。[41] 不過，神田孝平似乎無心在這篇論文中回答上面的問題，而是對「食人」方法、原因尤其是對「食人」的事實本身予以關注，這就構成了該論文的最大特點，那就是高密度的文獻引用，全文兩千六百多字，援引「食人」例證卻多達二十三個，平均每百字就有一個例子，不僅將文獻學方法帶入人類研究領域，為這一領域提供了新的參照系統，同時也為此後「支那人食人肉之說」構築了基本雛形，對「食人」研究產生了舉足輕重的影響。茲譯引一段，以窺一斑。

> 支那人食人肉者實多，然食之緣由非一，有因飢而食者，有因怒而食者，有因嗜味而食者，有為醫病而食者。調理之法亦有種種，細切生食云臠，如我邦之所謂刺身；乾而燥之云脯，我邦

---

40 作為官員學者，神田孝平對摩爾斯的考古調查有很深的介入，或提供支援，或參與討論，或將其考古發現介紹給皇室以供「天覽」。參閱『大森貝塚』第 13、151、195 頁。

41 吳虞：《吃人與禮教》，《新青年》六卷六號，1919 年 11 月 1 日。

之所謂乾物也；有烹而為羹者，有蒸食者，而最多者醢也。所謂醢者亦註為肉醬，又有註曰，先將其肉晾乾而後切碎，雜以粱麴及鹽，漬以美酒，塗置於瓶中百日則成，大略如我邦小田原製之鹽辛者也。今由最為近易之史，抄引數例，以供參考之資。支那史中所見最古之例當首推殷紂王。據《史記》，殷紂怒九侯而醢之，鄂侯爭之並脯之。設若是乃有名暴君乘怒之所為，其非同尋常自不待言，然若非平生嗜人肉味而慣於食之，又安有醢之脯之儲而充作食用等事焉？由是可徵在當時風習中有以人肉為可食，嗜而食之者也。其後齊桓公亦食人肉⋯⋯

此後那些在日本、中國乃至世界各國古代文獻中發現新的「食人」例證的研究，不論是否明確提到「神田孝平」，卻幾乎都始於神田的這篇先行論文。就「支那」關係而言，包括神田孝平在內，重要文獻如下：

（1）神田孝平「支那人人肉ヲ食フノ説」（支那人食人肉之説），『東京学士会院雑誌』第三編第八冊，明治十四年（1881）十二月；

（2）穗積陳重『隱居論』，哲学書院（哲學書院），明治二十四年（1891）；

（3）寺石正路『食人風俗考』，東京堂，明治三十一年（1898）；

（4）南方熊楠『The Traces of Cannibalism in Japanese Records』（日本の記録にみえる食人の形跡，即日本文獻中所見吃人之痕

跡），**42** 係明治三十七年（1903）三月十七日向英國《自然》雜誌的投稿，未發表；

（5）芳賀矢一『国民性十論』，東京富山房，明治四十年（1907）；

（6）桑原騭藏「支那人ノ食人肉風習」（支那人之食人肉風習），『太陽』第二十五卷七號，大正八年（1919）；

（7）桑原騭藏「支那人間に於ける食人肉の風習」（支那人當中的食人肉之風習），《東洋学報27》第十四卷第一號，東洋学術会（東洋學術會），大正十三年（1924）七月。

　　除了南方熊楠之外，後繼研究文本有兩個基本共同點，一個是重複或補充神田孝平提出的例證，另一個是持續論證並確認神田孝平所提出的問題，即「吃人肉是支那固有之風習」。圖表 2 是相關文獻所見「支那」例證統計對照表。

圖表 2：各文獻所見「支那」例證數量對照表

編號	作者	發表年（年）	例證數量	備註
（1）	神田孝平	1881	23	首提《史記》《左傳》《五雜俎》等史籍中的記載
（2）	穗積陳重	1891	10	同時提供了日本和世界各地的例證
（3）	寺石正路	1898	23	同時提供了日本和世界各地的例證

42 英文原文現收『南方熊楠全集』別卷二，平凡社昭和五十年（1975）；日文翻譯見『南方熊楠英文論考（ネイチャー）誌篇』，飯倉平照監修、松居龍五、田村義也、中西須美訳，集英社，2005 年。

（4）	南方熊楠	1903	0	無具體例子，但所列文獻有：神田孝平、雷諾的作品及《水滸傳》《輟耕錄》《五雜俎》
（5）	芳賀矢一	1907	12	《資治通鑒》四例；《輟耕錄》八例
（6）	桑原騭藏	1919	22	為 1924 年完成版之提綱
（7）	桑原騭藏	1924	200 以上	與西方文獻參照、印證
合計			288	

關於（1），神田孝平的最大貢獻在於他提醒人們對中國古代文獻記載的關注，其援引《史記》《左傳》和謝肇淛《五雜俎》等都是後來論者的必引文獻，直到四十年後，桑原騭藏（Kuwahara Jitsuzo，1870–1931）仍高度評價他的開創性貢獻。關於（2），上面提到，穗積陳重的《隱居論》是從近代法理學角度來探討日本由過去傳承下來的「隱居制」的專著。所謂「隱居」，具體是指老人退出社會生活，涉及贍養老人和家族制度，其第一編「隱居起原」下分四章：第一章「食人俗」、第二章「殺老俗」、第三章「棄老俗」、第四章「隱居俗」。從這些標題可以知道，在老人可以「隱居」的時代到來之前，其多是遭遇被吃、被殺和被棄的命運。第一編援引了十個「支那」例證，並非單列，而是同取自日本和世界各國的例證混編在一起。上面介紹過的河上肇在作《食人論》（1908）時，因「就支那之食人俗未詳」[43]而多處援引該文本中的例證。關於（3），《食人風俗考》是寺石正路在此前發表在《東京人類學會雜誌》上的兩篇論文的基礎上，進一步整

---

43 《河上肇全集》第六卷，288 頁。

理、擴充的一部專著，也是整個明治時代關於「食人風俗」研究的最為系統化、理論化的專著，取自「支那」的二十三個例子，混編於取自日本和世界各國的例證當中，而尤其值得一提的是，該書也是取證日本本國文獻最多的研究專著。關於（4），南方熊楠（Minakata Kugusu，1867–1941）是日本近代著名博物學家和民俗學者，1892 年至 1900 年在倫敦求學，因 1897 年與孫中山在倫敦結識並被孫中山視為「海外知己」，從而成為與中國革命史相關的日本人。在摩爾斯、穗積陳重和寺石正路等先行研究的引導下，南方熊楠也對「食人研究」表現出濃厚興趣，1900 年 3 月開始調查「日本人食人肉事」，[44] 6 月完成論文《日本人太古食人肉說》，「引用書數七十一種也（和二二、漢二三、英一六、佛〔即法國 ── 筆者註〕七、伊〔即意大利 ── 筆者註〕三）」。[45] 上面所列論文是他回國後向英國《自然》雜誌的投稿，雖然並沒發表出來，在日本「食人」研究史上卻是佔有重要地位的一篇。南方熊楠是為數不多的支持摩爾斯見解的日本學者之一，[46] 對日本「食人」文獻調查持客觀態度，對中國亦然，並無文化上和人種上的偏見。關於（5），芳賀矢一（Haga Yaichi，1867–1927）所提供的十二個「支那」例證，顧名思義，用意不在「人類學」或其他

---

44 『ロンドン日記』1900 年 3 月 7 日，『南方熊楠全集』別卷二，平凡社昭和五十年（1975），204 頁。

45 同上，6 月 28 日日記，222 頁。

46 他在 1911 年 10 月 17 日致柳田國男的信中，稱自己的關於日本「食人」調查「在學問上解除了摩爾斯的冤屈」。『南方熊楠全集』第八卷，205 頁。

學問領域，而在於闡釋「國民性」，因此是將「食人風俗」導入「國民性」闡釋的重要文獻，而且也正因為這一點，才與魯迅發生直接關聯（後述）。（6）和（7）是歷史學家桑原騭藏專題研究論文，幾乎與魯迅的《狂人日記》發表在同一時期，但都晚於《狂人日記》，因此不論在主題還是在材料上都不可能影響到前者。列出桑原騭藏是因為他是從明治到大正時期整個「支那人食人肉之說」的集大成者。他自認自己的研究是在同一系列中直承神田孝平：

　　支那人當中存在食人肉之風習，決非耳新之問題，自南宋趙與時《賓退錄》、元末明初出現的陶宗儀《輟耕錄》始，在明清時代支那學者之隨筆、雜錄中對食人之史實的片段介紹或評論都並不少見。在日本學者當中，對這些史實加以注意者亦不止二三。就中《東京學士會院雜誌》第三編第八冊所載、神田孝平氏之《支那人食人肉之說》之一篇尤為傑出。傑出雖傑出，當然還談不上充分。**47**

正是在神田孝平「傑出」卻「不充分」的研究基礎上，才有了他「對前人所論的一個進步」，不僅對以往「所傳之事實」進行了更充分也是更有說服力的闡釋，也對「支那人食人肉之風習」作出

47「支那人間に於ける食人肉の風習」，『桑原騭藏全集』第二卷，岩波書店，昭和四十三年（1968），204頁。

了「歷史的究明」，**48** 援引例證多達兩百以上，是神田孝平例證的八倍，並且遠遠超過既往所有例證的總和。尤其值得一提的是，桑原騭藏首次大量引用西方文獻中同時代記載，用以印證「支那」文獻裏的相應內容。

由以上可知，「支那人食人肉之説」始於神田孝平，完成於桑原騭藏，其主要工作是完成對中國歷史上「食人」事實的調查和確認，從而構成了一個關於「支那食人」言説的基本內容框架。可以説，《魯迅全集》所涉及到的作為事實的「吃人」，都並未超出這一話語範圍，甚至包括小説《藥》裏描寫的「人血饅頭」，**49** 而《狂人日記》的「吃人」意象誕生在這一框架之內也就毫不奇怪了。

六、芳賀矢一的《國民性十論》

在上述文獻中，只有芳賀矢一的《國民性十論》並不重點討論「食人風俗」，卻或許是提醒或暗示魯迅去注意中國歷史上「食人」事實的關鍵性文獻。

顧名思義，這是一本討論「國民性」問題的專著，出版發行於明治四十年（1907）十二月。如果説世界上「再沒有哪國國民

---

48 同上，205 頁。

49「桑原騭藏 1924」援引 Peking and the Pekingese. Vol. II, pp. 243–244：「劊刀手がその斬り首より噴出する鮮血に饅頭を漬し、血饅頭と名づけて市民に販賣した」（劊子手將那由斬首噴出的鮮血浸泡過的饅頭叫作「血饅頭」，賣給市民）。《桑原騭藏全集》第二卷，201–202 頁。

像日本這樣喜歡討論自己的國民性」，而且討論國民性問題的文章和著作汗牛充棟、不勝枚舉的話，[50] 那麼《國民性十論》則是在日本近代以來漫長豐富的「國民性」討論史中佔有重要地位的一本，歷來受到很高評價，影響至今。[51] 近年來的暢銷書、藤原正彥（Fujiwara Mashahiko，1943–）的《國家品格》，[52] 在內容上便很顯然是依託於前者的。

「國民性」問題在日本一直是一個與近代民族國家相生相伴的問題。作為一個概念，從明治時代一開始就有，只不過不同時期有不同的叫法。例如在《明六雜誌》中就被叫作「國民風氣」和「人民之性質」，在「國粹保存主義」的明治二十年代被叫作「國粹」，明治三十年代又是「日本主義」的代名詞，「國民性」一詞是在從甲午戰爭到日俄戰爭的十年當中開始被使用並且「定型」的。日本兩戰兩勝，成為「國際競爭場中的一員」，在引起西方「黃禍論」恐慌的同時，也帶來民族主義（nationalism）的空前高漲，「國民性」一詞便是在這一背景下應運而生的。最早以該詞作為文章題目的是文藝評論家綱島梁川（Tsunashima Ryosen，1873–1907）的《國民性與文學》，[53] 發表在《早稻田文學》明治三十一年

---

50 南博：『日本人論 —— 明治から今日まで』まえがき（前言），岩波書店，1994 年 10 月。

51 參見生松敬三：『「日本人論」解題』，富山房百科文庫，1977 年。

52 『国家の品格』，新潮社「新潮新書 141」，2005 年。

53 「国民性と文学」，本文參閱底本為『明治文學全集 46・新島襄・植村正久・清沢満之・綱島梁川集』（武田清子、吉田久一編，筑摩書房，1977 年 10 月）。

（1898）五月號上，該文使用「國民性」一詞達四十八次，一舉將這一詞彙「定型」。而最早將「國民性」一詞用於書名的則正是十年後出版的這本《國民性十論》。此後，自魯迅留學日本的時代起，「國民性」作為一個詞彙開始進入漢語語境，從而也一舉將這一思想觀念在留日學生當中展現開來。其詳細情形，請參閱筆者的相關研究。[54]

芳賀矢一是近代日本「國文學」研究的重要開拓者。畢業於東京帝國大學（現東京大學）國文科，1900 年作為國文科副教授赴德國留學，1902 年回國，擔任東京帝國大學國文科教授。他首次把西方文獻學導入到日本「國文學」研究領域，從而令傳統的日本「國文學」成為一門近代學問。主要著作有《考證今昔物語集》《國文學史十講》《國民性十論》等，還編輯校訂了多種日本文學作品集。從其死後由其後人和弟子們編輯整理的《芳賀矢一遺著》可窺其所留下的研究方面的業績：《日本文獻學》《文法論》《歷史物語》《國語與國民性》《日本漢文學史》。[55]

《國民性十論》是芳賀矢一的代表作之一，部分內容來自他應邀在東京高等師範學校所作的連續講演，明治四十年（1907）十二月結為一集由富山房出版。在日本近代思想史當中，這可以說是一部近代日本經過甲午（1894–1895）和日俄（1904–1905）兩

54 李冬木：《「國民性」一詞在中國》，佛教大学『文学部論集』第九十一號，2007 年；《「國民性」一詞在日本》，佛教大学『文学部論集』第九十二號，2008 年。
55 『芳賀矢一遺著』二卷，富山房，1928 年。

場戰爭勝利後「自我認知」的重要文獻，是一部向本國國民講述自己的「國民性」是怎樣的書，旨在於新的歷史條件下「發揮國民之相性」，[56] 建立「自知之明」[57]。

該書分十章討論日本國民性：（一）忠君愛國；（二）崇拜祖先，重視家族名譽；（三）現實而實際；（四）熱愛草木，喜尚自然；（五）樂天灑脫；（六）淡泊瀟灑；（七）纖麗纖巧；（八）清淨潔白；（九）禮節禮法；（十）溫和寬恕。（編按：本書正式譯本的章節標題與此處略有出入）雖並不迴避國民「美德」中「隱藏的缺點」，但主要是討論優點，具有明顯的從積極肯定的方面對日本國民性加以「塑造性」陳述的傾向。「支那食人時代的遺風」的例證就是在這樣的語境下被導入的，其出現在「溫和寬恕」一章。茲將引述例證以及前後文試譯中文如下，以窺全貌。

對於不同人種，日本自古以來就很寬容。不論隼人屬還是熊襲族，[58] 只要歸順便以寬容待之。神武天皇使弟猾[59]、弟磯城[60] 歸順，封弟猾為猛田縣主，弟磯城為弟磯縣主。這種關係與八幡太

---

56 芳賀矢一：『国民性十論』序言。

57 芳賀矢一：『国民性十論』結語。

58「隼人」和「熊襲」都是日本古書記載當中的部落。

59 弟猾為《日本書紀》中的豪族，在《古事記》裏寫作「弟宇迦斯」，大和（奈良）宇陀的豪族，因告發其兄「兄猾」（兄宇迦斯）暗殺神武天皇的計劃而獲封為猛田縣主。

60 弟磯城為《日本書紀》中的豪族，在《古事記》裏寫作「弟師木」，大和（奈良）磯城統治者「兄磯城」之弟，因不從其兄而歸順神武天皇，被封為磯城縣主。

郎義家之於宗任的關係 **61** 相同。朝鮮人和支那人的前來歸化，自古就予以接納。百濟滅亡時有男女四百多歸化人被安置在近江國，與田耕種，次年又有二千餘人移居到東國，皆饗以官食。從靈龜二年 **62** 的記載可知，有一千七百九十個高句麗人移居武藏之國，並設置了高麗郡。這些事例在歷史上不勝枚舉，姓氏錄裏藩別姓氏無以數計。並無隨意殺害降伏之人或在戰場上鏖殺之例。以恩為懷，令其從心底臣服，是日本自古以來的做法。像白起那樣坑殺四十萬趙國降卒的殘酷之事，在日本的歷史上是找不到的。讀支那的歷史可以看到把人肉醃製或調羹而食的記載，算是食人時代的遺風吧。

支那人吃人肉之例並不罕見。《資治通鑒》「唐僖宗中和三年」條記：「時民間無積聚，賊掠人為糧，生投於碓磑，並骨食之，號給糧之處曰『舂磨寨』」。**63** 這是說把人扔到石臼石磨裏搗碎、碾碎來吃，簡直是一幅活靈活現的地獄圖。翌年也有「鹽屍」的記載：「軍行未始轉糧，車載鹽屍以從。」**64** 鹽屍就是把死人用鹽醃

---

61 八幡太郎義家，即源義家（Minamoto no Yoshiihe，1039–1106），日本平安時代後期武將，因討伐陸奧（今岩手）地方勢力安倍一族而獲戰功，其私財獎勵手下武士，深得關東武士信賴，有「天下第一武人」之稱。宗任即安倍宗任（Abe no Muneto，1032–1108），陸奧國豪族，曾與其父安倍賴良、其兄安倍貞任共同與源義家作戰，在父兄戰死後投降，被赦免一死，相繼流放四國、九州等地。在《平家物語》中有他被源義家感化的描寫。

62 靈龜為日本年號（715–717），二年為公元 716 年。

63 見《資治通鑒》卷二百五十五。

64 見《資治通鑒》卷二百五十六。

起來。又，光啟三年條記：「宣軍掠人，詣肆賣之，驅縛屠割如羊豕，訖無一聲，積骸流血，滿於坊市。」[65] 實在難以想象這是人間所為。明代陶宗儀的《輟耕錄》記：

「天下兵甲方殷，而淮右之軍嗜食人，以小兒為上，婦女次之，男子又次之。或使坐兩缸間，外逼以火。或於鐵架上生炙。或縛其手足，先用沸湯澆潑，卻以竹帚刷去苦皮。或盛夾袋中入巨鍋活煮。或刲作事件而淹之。或男子則止斷其雙腿，婦女則特剜其兩腕（乳）[66]，酷毒萬狀，不可具言。總名曰想肉。以為食之而使人想之也。此與唐初朱粲以人為糧，置擣磨寨，謂啖醉人如食糟豚者無異，固在所不足論。」

這些都是戰爭時期糧食匱乏苦不堪耐使然，但平時也吃人，則不能不令人大驚而特驚了。同書記載：

「唐張鷟《朝野僉載》云：武后時杭州臨安尉薛震好食人肉。有債主及奴，詣臨安，止於客舍飲之，醉並殺之，水銀和飲（煎）[67]，並骨銷盡。後又欲食其婦，婦知之躍牆而避，以告縣令。」

此外，該書還列舉了各種古書上記載的吃人的例子。張茂昭、萇從簡、高澧、王繼勳等雖都身為顯官卻吃人肉。宋代金狄之亂時，盜賊官兵居民父父相食，當時隱語把老瘦男子叫「饒把

---

65 見《資治通鑒》卷二百五十七。

66 該段記載見《輟耕錄》卷九，此處的「兩腕」，亦有版本作「兩乳」。

67 同上。「飲」字之處，亦有版本作「煎」。

火」，把婦女孩子叫「不美羹」**68**，小兒則稱作「和骨爛」，一般又叫「兩腳羊」，實可謂驚人之至。由此書可知，直到明代都有吃人的例子。難怪著者評曰「是雖人類而無人性者矣」。

士兵乘戰捷而凌辱婦女、肆意掠奪之事，日本絕無僅有。日俄戰爭前，俄國將軍把數千滿洲人趕進黑龍江屠殺之事，世人記憶猶新。西班牙人征服南美大陸時，留下最多的就是那些殘酷的故事；白人出於種族之辨，幾乎不把黑人當人。從前羅馬人趕着俘虜去餵野獸，俄羅斯至今仍在屠殺猶太人。白人雖然講慈愛、論人道，卻為自己是最優秀人種的先入思想所驅使，有着不把其他人種當人的謬見。學者著述裏也寫着「亞利安人及有色人」。日本自古以來，由於國內之爭並非人種衝突，自然很少發生殘酷之事，但日本人率直、單純的性質也決定了日本人不會在任何事情上走極端，極度的殘酷令其於心有所不堪。

很顯然，上述「殘酷」例證來自世界各國，不獨「支那」，還有俄國、西班牙、古羅馬等，只不過是來自「支那」的例子最多，也最具體。作為日本國文學者，芳賀矢一熟悉漢籍，日本近代第一部《日本漢文學史》便出自他的手筆，不過此處舉證「支那食人」卻是對明治以來既有言說的承接，只是在「食人」的例證方面，芳賀矢一有更進一步的發揮。其中「白起坑殺四十萬趙

---

68 原文如此，在另一版本中作「下羹羊」，在《雞肋編》中作「不慕羊」，在《說郛》卷二十七上亦作「下羹羊」。

國降卒」未提出處，疑似同樣取自接下來出現的《資治通鑒》，[69]而明示取自《資治通鑒》的有三例，取自《輟耕錄》的有八例。《資治通鑒》為既往涉及「食人」文獻所不曾提及，故增加了舉證的文獻來源，而《輟耕錄》過去雖有穗積陳重（1891，1例）和寺石正路（1898，3例）援引，例證範圍卻不及芳賀矢一（1907，8例）廣，故雖出自同一文獻，卻增加了例證數量。因此，與過去的人類學方面提供的例證相比，可以説這些例證都具有芳賀矢一獨自擇取文獻的特徵。不過，還有幾點需要在這裏闡明：

首先，近代所謂「種族」「人種」「民族」或「人類學」等方面的研究，從一開始就具有與「進化論」和「民族國家」理論暗合的因子，其研究成果或所使用的例證很容易被運用到關於「國民性」的討論當中，從而帶有文化上的偏見。例如明治三十七年（1904）出版的《野蠻俄國》一書，就將日俄戰爭前夜的俄國描述為「近乎食人人種」。[70] 芳賀矢一將「食人時代的遺風」拿來比照日本國民性「溫和寬恕」的「美德」，也便是這方面明顯的例證。不過也不能反過來走向另一極端，即認為「食人研究」都帶有「種族偏見」，從這個意義上講，南方熊楠完成於明治三十六

---

69 《資治通鑒》卷五記載：「趙括自出銳卒搏戰，秦人射殺之。趙師大敗，卒四十萬人皆降，武安君曰：『秦已拔上黨，上黨民不樂為秦而歸趙，趙卒反覆，非盡殺之，恐為亂。』乃挾詐而盡坑殺之。」又，《史記》卷七十三，《白起王翦列傳第十三》也有相同的記載。

70 足立北鷗（荒人）：『野蛮ナル露国』，東京集成堂，明治三十七年（1904）五月。參見第 268–271 頁：「一七 食人種に近し」。

年（1903）的研究就非常難能可貴，只是他的這篇沒有偏見的論文被「種族偏見」給扼殺掉了。**71**

其次，在《國民性十論》中，芳賀矢一有意無意迴避了那些已知的本國文獻中「食人」的事例，即使涉及到也是輕描淡寫或一語帶過，這在今天看來是顯而易見的「例證不均衡論證」，不過囿於論旨，也就難以避免。只是他在講「士兵乘戰捷而凌辱婦女，肆意掠奪之事，日本絕無僅有」時，當然不會想到後來日軍在侵略戰爭中的情形。

第三，當「食人風習」成為「支那人國民性」的一部分時，所謂「支那」便自然會被賦予貶義。這一點魯迅在後來也明確意識到了，例如他在 1929 年便談到了中國和日本在被向外介紹時的不對稱：「在中國的外人，譯經書、子書的是有的，但很少有認真地將現在的文化生活 —— 無論高低，總還是文化生活 —— 紹介給世界。有些學者，還要在載籍裏竭力尋出食人風俗的證據來。這一層，日本比中國幸福得多了，他們常有外客將日本的好的東西宣揚出去，一面又將外國的好的東西，循循善誘地輸運進來。」**72** 魯迅雖不贊成「有些學者」「要在載籍裏竭力尋出食人風

---

71 據松居龍五研究，1900 年 3 月至 6 月，旅居倫敦的南方熊楠完成《日本人太古食人說》，要發表時遭到倫敦大學事務總長迪金斯（Frederic Victor Dickins，1839–1915）的阻止，理由是內容對日本不利。見『南方熊楠英文論考（ネイチャー）誌篇』第 280–281 頁。又，摩爾斯的調查成果雖獲得達爾文的肯定，卻受到了一些西方學者的反對，而迪金斯正是其中最具代表性的人物。請參閱《大森貝塚》「関連資料」（五）（六）（七）（八）。

72《集外集·〈奔流〉編校後記》，《魯迅全集》第七卷。

俗的證據」的態度，卻並不否認和拒絕載籍裏存在的「食人」事實，甚至以此為起點致力於中國人人性的重建。

第四，在日本明治話語，尤其是涉及到「國民性」的話語中，「支那」是一個很複雜的問題，並不是從一開始就像在後來侵華戰爭全面爆發後所看到的那樣，僅僅是一個貶斥和「懲膺」的對象。事實上，在相當長的時間內，「支那」一直是日本審時度勢的重要參照。例如《明六雜誌》作為「國名和地名」使用「支那」一詞的頻度，比其他任何國名和地名都高，即使是當時作為主要學習對象國的英國和作為本國的日本都無法與之相比。[73] 這是因為「支那」作為「他者」，還並不完全獨立於「日本」之外，而是往往包含在「日本」之內，因此拿西洋各國來比照「支那」也就往往意味着比照自身，對「支那」的反省和批判也正意味着在很大程度上是對自身的反省和批判。這一點可以從西周的《百一新論》對儒教思想的批判中看到，也可以在中村正直（Nakamura Masanao，1832–1891）為「支那」辯護的《支那不可辱論》（1875）[74] 中看到，更可以在福澤諭吉（Fukuzawa Yukichi，1835–1901）的《勸學篇》（1872）和《文明論概略》（1877）中看到，從某種意義

---

73 參見『明六雜誌語彙總索引』，高野繁男、日向敏彥（日向敏彦）監修、編集，大空社，1998 年。

74「支那不可辱論」，『明六雜誌』第三十五號，明治八年（1875）四月。

上來説，後來的所謂「脱亞」[75]，也正是要將「支那」作為「他者」從自身當中剔除的文化上的結論。在芳賀矢一的《國民性十論》當中，「支那」所扮演的也正是這樣一個無法從自身完全剔除的「他者」的角色，其作為日本以外「國民性」的參照意義，要明顯大於貶損意義，至少還是在客觀闡述日本從前在引進「支那」和印度文化後如何使這兩種文化適合自己的需要。正是在這樣一種「國民性」語境下，「食人」才作為一種事實進入魯迅的視野。

七、魯迅與《國民性十論》

芳賀矢一是知名學者，《朝日新聞》自 1892 年 7 月 12 日至 1941 年 1 月 10 日的相關報道、介紹和廣告等有三百三十七條；《讀賣新聞》自 1898 年 12 月 3 日至 1937 年 4 月 22 日的相關數量亦達一百八十六條。「文學博士芳賀矢一新著《國民性十論》」，作為「青年必讀之書、國民必讀之書」[76] 也是當年名副其實的暢銷書，自 1907 年底初版截止到 1911 年，在短短四年間就再版過八次。[77] 報紙上的廣告更是頻繁出現，而且一直延續到很久以後。[78] 甚至還有與該書出版相關的「趣聞軼事」，比如《讀賣新聞》就報

---

75 語見明治十八年（1885）三月十六日『時事新報』社説「脱亜論」，一般認為該社論出自福澤諭吉之手。事實上，「脱亞」作為一種思想早就被福澤諭吉表述過，在《勸學篇》和《文明論概略》中都可清楚的看到，主要是指擺脱儒教思想的束縛。

76《國民性十論》廣告詞，『東京朝日新聞』日刊，明治四十年（1907）十二月二十二日。

77 本稿所依據底本為明治四十四年（1911）九月十五日發行第八版。

78《朝日新聞》延續到昭和十年（1935）一月三日；《讀賣新聞》延續到同年一月一日。

道說，由於不修邊幅的芳賀矢一先生做新西服「差錢」，西服店老闆就讓他用《國民性十論》的稿費來抵償。[79]

在這樣的情形之下，《國民性十論》引起周氏兄弟的注意便是很正常的事。據《周作人日記》，他購得《國民性十論》是在 1912 年 10 月 5 日。[80] 筆者曾在另一篇文章裏談過，截止到 1923 年他們兄弟失和以前的這一段，周氏兄弟所閱、所購、所藏之書均不妨視為他們相互之間潛在的「目睹書目」。[81] 兄弟之間共享一書，或誰看誰的書都很正常。《國民性十論》對周氏兄弟二人的影響都很大。魯迅曾經說過，「從小說來看民族性，也就是一個好題目」[82]。如果說這裏的「小說」可以置換為「一般文學」的話，那麼《國民性十論》所提供的便是一個近乎完美的範本。在這部書中，芳賀矢一充分發揮了他作為「國文學」學者的本領，也顯示了作為「文獻學」學者的功底，用以論證的例證材料多達數百條，主要取自日本神話傳說、和歌、俳句、狂言、物語以及日語語言方面，再輔以史記、佛經、禪語、筆記等類，以此展開的是「由文化史的觀點而展開來的前所未見的翔實的國民性論」[83]。這一點應該看作是對周氏兄弟的共同影響。

---

79 「芳賀矢一博士の洋服代『国民性十論』原稿料から差し引く　ユニークな店／東京」（芳賀矢一博士的西服治裝費從〈國民性十論〉的稿費裏扣除 —— 東京特色西服店），『読売新聞』1908 年 6 月 11 日。

80 《周作人日記（影印本）》（上），鄭州：大象出版社，1996 年，418 頁。

81 李冬木：《魯迅與日本書》。

82 《華蓋集續編·馬上支日記》，《魯迅全集》第三卷，333 頁。

83 南博：『日本人論 —— 明治から今日まで』まえがき（前言），46 頁。

尤其是對周作人，事實上，這本書是他關於日本文學史、文化史和民俗史的重要入門書之一，此後他對日本文學研究、論述和翻譯也多有該書留下「指南」的痕跡。周作人在多篇文章中都援引或提到芳賀矢一，如《日本的詩歌》《遊日本雜感》《日本管窺》《元元唱和集》《〈日本狂言選〉後記》等。而且他也不斷地購入芳賀矢一的書，繼 1912 年《國民性十論》之後，目前已知的還有《新式辭典》（1922 購入）、《國文學史十講》（1923）、《日本趣味十種》（1925）、《謠曲五十番》（1926）、《狂言五十番》（1926）、《月雪花》（1933）。總體而言，在由「文學」而「國民性」的大前提下，周作人所受影響主要在日本文學和文化的研究方面，相比之下，魯迅則主要在「國民性」方面，具體而言，魯迅由芳賀矢一對日本國民性的闡釋而關注中國的國民性，尤其是對中國歷史上「吃人」事實的注意。

在魯迅文本中沒有留下有關「芳賀矢一」的記載，這一點與周作人那裏的「細賬」完全不同。不過，不提不記不等於沒讀沒受影響。事實上，在「魯迅目睹書」當中，他少提甚至不提卻又受到很深影響的例子的確不在少數。[84] 芳賀矢一的《國民性十論》也屬於這種情況，只不過問題集中在關於「食人」事實的告知上。

《狂人日記》發表後，魯迅在 1918 年 8 月 20 日致許壽裳的信中說：「偶閱《通鑒》，乃悟中國人尚是食人民族，因成此篇。此

---

84 請參閱拙文《魯迅與日本書》，以及筆者關於《支那人氣質》和「丘淺次郎」研究的相關論文。

種發見，關係亦甚大，而知者尚寥寥也。」這就是説，雖然史書上多有「食人」事實的記載，但在《狂人日記》發表的當時，還很少有人意識到那些事實，也更少有人由此而意識到「中國人尚是食人民族」；魯迅是「知者尚寥寥」當中的「知者」，他告訴許壽裳自己是「偶閲《通鑑》」而「乃悟」的。按照這一説法，《資治通鑑》對於「食人」事實的告知便構成了《狂人日記》「吃人」意象生成的直接契機，對作品的主題萌發有着關鍵性影響。

魯迅讀的到底是哪一種版本的《資治通鑑》，待考。目前可以確認到在魯迅同時代或者稍早，在中國和日本刊行的幾種不同版本的《資治通鑑》。[85] 不過，在魯迅藏書目錄中未見《資治通鑑》。[86]《魯迅全集》中提到的《資治通鑑》，都是作為書名，而並沒涉及到其中任何一個具體的「食人」記載，因此，單憑魯迅文本，目前還並不能了解到究竟是「偶閲」到的哪些「食人」事實令他「乃悟」。順附一句，魯迅日記中倒是有借閲（1914 年 8 月29 日、9 月 12 日）和購買（1926 年 11 月 10 日）《資治通鑑考異》的記載，魯迅也的確收藏有這套三十卷本，[87] 從《中國小説史略》

---

85 中國：清光緒十四年（1888）上海蜚英館石印本；民國元年（1912）商務印書館涵芬樓鉛印本。日本：明治十四年（1881）東京猶興館刊刻，秋月韋軒、箕輪醇點校本（十冊）；明治十七年（1884）東京報告堂刻本（四十三卷）；明治十八年（1885）大阪修道館，岡千仞點、重野安繹校本。

86 參閲《魯迅手跡和藏書目錄》（內部資料），北京魯迅博物館，1959 年；《魯迅目睹書目 —— 日本書之部》，中島長文編刊，宇治市木幡御藏山，私版三百部，1986 年。

87《魯迅手跡和藏書目錄》：「資治通鑑考異　三十卷　宋司馬光著　上海商務印書館影印明嘉靖刊本　六冊　四部叢刊初編史部　第一冊有『魯迅』印。」

和《古籍序跋集》可以知道，該書是被用作了其中的材料，然而卻與「食人」的事實本身並無關聯。

因此，在不排除魯迅確實直接「偶閱」《資治通鑒》文本這一可能性的前提下，是否還可以做這樣的推斷，即魯迅當時「偶閱」到的更有可能是《國民性十論》所提到的四個例子而並非《資治通鑒》本身，或者還不妨進一步說，由《國民性十論》當中的《資治通鑒》而過渡到閱讀《資治通鑒》，原本也並非沒有可能。但正如上面所說，在魯迅文本中還找不到他實際閱讀《資治通鑒》的證據。

另外，芳賀矢一援引八個例子的另一文獻、陶宗儀的《輟耕錄》，在魯迅文本中也有兩次被提到，[88] 只不過都是作為文學史料，而不是作為「食人」史料引用的。除了「從日本堀口大學的《腓立普短篇集》裏」翻譯過查理－路易·腓立普（Charles-Louis Philippe，1874–1909）《食人人種的話》[89] 和作為「神魔小說」資料的文學作品「食人」例子外，魯迅在文章中只舉過一個具體的歷史上「吃人」的例子，那就是在《抄靶子》當中所提到的「兩腳羊」：「黃巢造反，以人為糧，但若說他吃人，是不對的，他所吃的物事，叫作『兩腳羊』。」1981 年版《魯迅全集》註釋對此作出訂正，說這不是黃巢事跡，並指出材源：「魯迅引用此語，當出

88《中國小說史略：第十六篇　明之神魔小說（上）》，《魯迅全集》第九卷，57 頁。《古籍序跋集：第三分》，第十卷，94 頁。

89 參見《〈食人人種的話〉譯者附記》，《譯文序跋集》，《魯迅全集》第十卷。

自南宋莊季裕《雞肋編》。」**90** 這一訂正和指出原始材源都是正確的，但有一點需要補充，那就是元末明初的陶宗儀在《輟耕錄》中照抄了《雞肋編》中的這個例子，這讓芳賀矢一也在讀《輟耕錄》時看到並且引用到書中，就像在上面所看到的那樣：「宋代金狄之亂時，盜賊官兵居民交交相食，當時隱語把老瘦男子叫『饒把火』，把婦女孩子叫『不美羹』，小兒則稱作『和骨爛』，一般又叫『兩腳羊』，實可謂驚人之至。」私以為，魯迅關於「兩腳羊」的模糊記憶，不一定直接來自《雞肋編》或《輟耕錄》，而更有可能是芳賀矢一的這一文本給他留下的。

八、「吃人」：從事實到作品提煉

《狂人日記》中的「吃人」，是個發展變化着的意象，先是由現實世界的「吃人」升華到精神世界的「吃人」，再由精神世界的「吃人」反觀現實世界的「吃人」，然後是現實與精神的相互交匯融合，過去與現在的上下貫通，從而構成了一個橫斷物思兩界、縱貫古今的「吃人」大世界。主人公的「吃人」與「被吃」，而自己也跟着「吃」的「大恐懼」就發生在這個世界裏。或者說，是主人公的「狂」將這個恐怖的「吃人」世界揭露給讀者，振聾發聵。這是作者和作品的成功所在。

文學作品創作是一個非常複雜的過程，也是任何解析都無法圓滿回答的課題。研究者所能提供的應首先是切近創作過程的那

---

90 收入《准風月談》，《魯迅全集》第五卷，205 頁。

些基本事實，然後才是在此基礎上的推導、分析和判斷。就《狂人日記》的生成機制而言，至少有兩個基本要素是不可或缺的。一個是實際發生的「吃人」事實本身，另一個是作品所要採用的形式。

正像在本論中所看到的那樣，截止到魯迅發表小說《狂人日記》，中國近代並無關於「吃人」的研究史，吳虞在讀了《狂人日記》後才開始做他那著名的「吃人」考證，也只列出八例。[91]如上所述，「食人」這一話題和研究是在明治維新以後的日本展開的。西方傳教士在世界各地發回的關於 cannibalism 的報告，進化論、生物學、考古學和人類學以及近代科學哲學的導入，引起了對食人族和食人風俗的關注，在這一階段，「支那」作為被廣泛搜集的世界各國各人種的事例之一而登場，提供的是文明發達人種的「食人」實例。由於文獻史籍的豐富，接下來「支那」被逐漸單列，由「食人風習」中的「支那」變為「支那人之食人風習」，而再到後來，「支那人之食人風習」便被解釋為「支那人國民性」的一部分了。當然，這是屬於日本近代思想史當中的問題。從中國方面看，魯迅恰與日本思想史當中的這一言說及其過程相承接，並由其中獲取兩點啟示，一是獲得對歷史上「食人」事實的確認，或者說至少獲得了一條可以想到（即所謂「乃悟」）去確認的途徑，另外一點就是將「中國人尚是食人民族」的發現納入「改造國民性」的思考框架當中。

---

91 參見《吃人與禮教》，《新青年》六卷六號，1919 年 11 月 1 日。

此外，現實中實際發生的「吃人」事實當然也是作品意象生成的不可或缺的要素。徐錫麟和秋瑾都是魯迅身邊的例子，前者被真名實姓寫進《狂人日記》，後者改作「夏瑜」入《藥》。由「易牙蒸了他兒子，給桀紂吃，……一直吃到徐錫林」，再「從徐錫林」到「用饅頭蘸血舐」，《狂人日記》的「四千年吃人史」，便是在這樣的歷史和現實的「吃人」事實的基礎上構建的。

　　另外一個生成機制的要素是作品形式。正如本文開頭所説，魯迅通過日譯本果戈理《狂人日記》獲得了一種現成的表達形式。

　　「今日は余程変な事があった（今天的事兒很奇怪）。」「阿母さん、お前の倅は憂き目を見てゐいる、助けて下され、助けて！……（中略）……阿母さん、病身の児を可哀そうだと思ってくだされ！」（娘，你兒子正慘遭不幸，請救救你的兒子吧，救救我！……娘，請可憐可憐你生病的兒子吧！）[92] 當魯迅寫下《狂人日記》正文第一行「今天晚上，很好的月光」和最後一句「救救孩子」時，心中浮現的恐怕是二葉亭四迷帶給他的果戈理的這些句子吧。

　　在同時期的留學生當中，注意到明治日本「食人」言説和翻閱過《狂人日記》二葉亭四迷譯本的人恐怕不止「周樹人」一個，但碰巧的是，它們都被這個留學生注意到並且記住了，正所謂「心有靈犀」，此後經過數年的反芻和醖釀，便有了《狂人日記》，中國也因此誕生了一個叫作「魯迅」的作家。這裏要強調

---

92 這兩句分別為二葉亭四迷日譯本《狂人日記》的首句和尾句。

的是，《狂人日記》之誕生，還不僅僅是「知識」乃至認識層面的問題，在與魯迅同時代的日本人中，諳熟明治以來「食人」研究史以及「支那食人風習」者不乏其人，如前面介紹過的桑原隲藏，而在此「知識」基礎上，獲得「在我們這個社會，雖然沒有物質上的吃人者，卻有很多精神上的吃人者」這一認識的也不乏其人，[93] 卻並沒有相關的作品誕生，只是由於「周樹人」對中國歷史也發生了同樣的「乃悟」，才注定要以高度提煉的作品形態表現出來。說到底這是作家的個性氣質使然，多不可解，然而僅僅是在關於《狂人日記》這篇作品的「知識」層面上，已大抵可以領略到「周樹人」成長為「魯迅」的路徑，或許可視為「近代」在「魯迅」這一個體身上發生重構的例證也未可知。

不過論及這一步，有一點似乎可以明確了，即《狂人日記》從主題到形式都誕生於借鑒與模仿 —— 而這也正是中國文學直到現今仍然繞不開的一條路。

---

93 宮武外骨「人肉の味（人肉的味道）」，『奇想凡想』，23–26 頁，東京文武堂，大正九年（1920）。

【附錄二附言】

拙文原載中國社會科學院文學研究所編《文學評論》2012 年第一期，這次接受編者的建議，將其附於書後，以呈現譯者在閱讀和翻譯該書過程中的思考路徑。又，日文版「明治時代における〈食人〉言説と魯迅の『狂人日記』」載佛教大學『文学部論集』第九十六號，2012 年 3 月 1 日發行。

拙文發表後，引發不少討論，這是當初沒想到的。看到那些議論，我自己當然會有「當初如果怎樣怎樣做，或許會好些」之類的反省，但完美的事又總是可望而不可求，尤其在事後。不管怎麼說，正是因為文之拙，才會引來這麼多的議論，而能以拙文與這麼多學者相遇，也是學人之一大幸事。茲列如下，祈參考為幸。

李冬木

2017 年 10 月 31 日於京都紫野

【原載編後記】

魯迅逝世後，他的作品從未受到冷落，文革期間，他的文集和「戰鬥精神」更受歡迎。現在的魯迅研究已與當初的魯迅崇拜大有差別。李冬木的文章指出，《狂人日記》以「吃人」象徵中國漫長的歷史，卻與日本明治時代流行的「食人」話語有關。作為「脫亞入歐」文化改造的一部分，這套話語參與了「他者」的建構與日本新我的界定。紀念魯迅先生誕生一百三十週年，就是要有

這樣的研究力作。

——《文學評論・編後記》（2012 年第一期）

【相關評論及論文】

1. 李有智：《日本魯迅研究的歧路》，載《中華讀書報》，2012 年 6 月 20 日 03 版。

2. 李冬木：《歧路與正途 —— 答〈日本魯迅研究的歧路〉及其他》，載《中華讀書報》，2012 年 9 月 12 日 03 版。

3. 王彬彬：《魯迅研究中的實證問題 —— 以李冬木論〈狂人日記〉文章為例》，載《中國現代文學研究叢刊》，2013 年第四期。

4. 祁曉明：《〈狂人日記〉「吃人」意象生成的知識背景》，載《文學評論》，2013 年第四期。

5. 崔雲偉、劉增人：《2013 年魯迅思想研究熱點透視》，載《山東師範大學學報（人文社會科學版）》，2014 年第三期。

6. 周南：《〈狂人日記〉「吃人」意象生成及相關問題》，載《東嶽論叢》，2014 年第八期（第三十五卷／第八期）。

7. 朱軍：《「吃人」敘事與中國文學現代性的開端：從〈人肉樓〉到〈狂人日記〉》，載《中國現代文學研究叢刊》，2015 年第十期。

8. 崔雲偉、劉增人：《2014 年魯迅研究中的熱點和亮點》，載《紹興魯迅研究 2015》。

9. 張志彪：《〈狂人日記〉「吃人」意象生成再探》，載《魯迅研究月刊》，2016 年第三期。

10. 孫海軍：《魯迅早期思想與日本流行語境研究評述》，載《臨沂大學學報》，2016 年，第三十八卷第四期。

11. 張明：《〈狂人日記〉「吃人」主題的闡釋與還原》，載《中國文化論衡》，2016 年第二期。

參考文獻
（按書中出現順序排列）

一、中文

李冬木：《澀江保譯〈支那人氣質〉與魯迅（上）—— 魯迅與日本書之一》，『関西外国語大学研究論集』第六十七號，1998 年。

李冬木：《「國民性」一詞在中國》，佛教大学『文学部論集』第九十一號，2007 年。

李冬木：《「国民性」一詞在日本》，佛教大学『文学部論集』第九十二號，2008 年。

（以上二文同時刊載於《山東師範大學學報》2013 年 4 期）

本尼迪克特‧安德森（Benedict Anderson）著、吳叡人譯：《想象的共同體 —— 民族主義的起源與散佈》，上海世紀出版集團，2005 年。

胡適：《建設的文學革命論》，《新青年》四卷四號，1918 年 4 月。

魯迅博物館、魯迅研究室編：《魯迅年譜》四卷本，北京：人民文學出版社，1981 年。

張菊香、張鐵榮編著：《周作人年譜（1885-1967）》，天津人民出版社，2000 年。

周作人：《〈過去的工作〉跋》（1945 年），載鍾叔河編：《知堂序跋》，長沙：岳麓書社，1987 年。

李冬木：《魯迅與日本書》，《讀書》2011 年 9 期，北京：生活‧讀書‧新知三聯書店。

魯迅：《華蓋集續編‧馬上支日記》，《魯迅全集》第三卷，333 頁。

周作人：《元元唱和集》，《中國文藝》三卷二期，1940 年 10 月。

周作人：《親日派》（1920），載鍾叔河編：《周作人文類編 7‧日本管窺》，長沙：湖南文藝出版社，1998 年。

周作人：《〈古事記〉中的戀愛故事》，《語絲》第九期，1925 年。

周作人：《漢譯〈古事記〉神代卷》，《語絲》第六十七期，1926 年。

〔日〕安萬侶著、周啟明譯：《古事記》，北京：人民文學出版社，1963 年。

周作人譯：《狂言十番》，北京：北新書局，1926 年。

周啟明譯：《日本狂言選》，北京：人民文學出版社，1955 年。

周啟明：《〈日本狂言選〉後記》，載鍾叔河編：《周作人文類編 7‧日本管窺》。

周作人著、止庵校訂：《知堂回想錄》（上），「八七　學日本語續」，石家莊：河北教育出版社，2002 年。

周作人：《遊日本雜感》，載鍾叔河編：《周作人文類編 7・日本管窺》。

知堂：《日本管窺》，載鍾叔河編：《周作人文類編 7・日本管窺》。

魯迅：《魯迅全集》十六卷本，北京：人民文學出版社，1981 年。

魯迅：《魯迅全集》十八卷本，北京：人民文學出版社，2005 年。

魯迅：《〈觀照享樂的生活〉譯者附記》，載《譯文序跋集》，《魯迅全集》第十卷。

〔日〕廚川白村著、魯迅譯：《出了象牙之塔》，載王世家、止庵編：《魯迅著譯編年全集》第六卷，北京：人民出版社，2009 年。

《資治通鑒》，清光緒十四年（1888）上海蜚英館石印本。

　　　　　　民國元年（1912）商務印書館涵芬樓鉛印本。

　　　　　　明治十四年（1881）東京猶興館刊刻，秋月韋軒、箕輪醇點校本（十冊）。

　　　　　　明治十七年（1884）東京報告堂刻本（四十三卷）。

　　　　　　明治十八年（1885）大阪修道館，岡千仞點、重野安繹校本。

北京魯迅博物館編：《魯迅手跡和藏書目錄》（內部資料），1959 年。

魯迅：《中國小說史略：第十六篇　明之神魔小說（上）》，《魯迅全集》第九卷。

魯迅：《古籍序跋集：第三分》，《魯迅全集》第十卷。

魯迅：《〈食人人種的話〉譯者附記》，《譯文序跋集》，《魯迅全集》第十卷。

魯迅：《准風月談》，《魯迅全集》第五卷。

吳虞：《吃人與禮教》，《新青年》六卷六號，1919 年 11 月 1 日。

羅竹風主編，中國漢語大詞典編輯委員會、漢語大詞典編纂處編纂：《漢語大詞典》，漢語大詞典出版社，1986 年至 1993 年。

錢稻孫譯：《漢譯萬葉集選》，日本學術振興會刊，1959 年。

楊烈譯：《萬葉集》上、下冊，長沙：湖南人民出版社，1984 年。

李芒譯：《萬葉選譯》，北京：人民文學出版社，1998 年。

趙樂甡譯：《萬葉集》，南京：譯林出版社，2009 年。

周啟明譯：《日本狂言選》，北京：人民文學出版社，1955 年。

周啟明譯：《古事記》，北京：人民文學出版社，1963 年。

周啟明、申非譯：《平家物語》，北京：人民文學出版社，1984 年。

周作人譯：《枕草子》，北京：中國對外翻譯出版公司，2001 年。

豐子愷譯：《源氏物語》三卷，北京：人民文學出版社，1982 年。

二、日文

南博：『日本人論 —— 明治から今日まで』，岩波書店，1994 年。

生松敬三：『「日本人論」解題』，冨山房百科文庫，1977 年。

藤原正彦：『国家の品格』，新潮社「新潮新書 141」，2005 年。

中村正直：「人民ノ性質ヲ改造スル説」，『明六雑誌』第三十號。

ロプシャイト原作，敬宇中村正直校正，津田仙、柳澤信大、大井鎌吉著：『英華
　　和訳辞典』，1879 年。

西周：「国民気風論」，『明六雑誌』第三十二號。

志賀重昂：「『日本人』が懷抱する処の旨義を告白す」，『日本人』第二號，1888
　　年 4 月 18 日。

高山樗牛：「日本主義を賛す」，『太陽』三巻十三號，1897 年 6 月 20 日。

綱島梁川：「国民性と文学」，武田清子、吉田久一編：『明治文學全集 46・新島
　　襄・植村正久・清沢満之・綱島梁川集』，筑摩書房，1977 年。

久松潜一：「芳賀矢一年譜」，『明治文學全集 44・落合直文・上田萬年・芳賀矢
　　一・藤岡作太郎集』，筑摩書房，1978 年。

久松潜一：『解題　芳賀矢一』，『明治文學全集』四十四巻。

『芳賀矢一遺著』二巻，冨山房，1928 年。

芳賀矢一選集編集委員會編：『芳賀矢一選集』第一至七巻，国学院大学，東京，
　　1982 年至 1992 年。

小野田翠雨：『現代名士の演説振り —— 速記者の見たる』，『明治文學全集 96・明治記録文學集』，筑摩書房，1967 年。

船曳建夫：『「日本人論」再考』，講談社，2010 年。

內村鑑三著、鈴木俊郎譯：『代表的日本人』，岩波書店，1948 年。

新渡戸稲造著、櫻井鷗村譯：『武士道』，丁未出版社，1908 年。

岡倉天心著、岡村博譯：『茶の書』，岩波書店，1929 年。

高野繁男、日向敏彦：『明六雑誌語彙総索引』，大空社，1998 年。

中村正直：「支那不可辱論」，『明六雑誌』第三十五號，1875 年 4 月。

三宅雪嶺：『真善美日本人』，載生松敬三編：『日本人論』，冨山房，1977 年。

福澤諭吉：「脱亜論」，『時事新報』，1885 年 3 月 16 日。

趙京華：「周作人と日本文化」，一橋大学大学院社会学研究科博士論文，論文審査委員：木山英雄、落合一泰、菊田正信、田崎宣義，1997 年。

『東京朝日新聞』日刊，明治四十年（1907）十二月二十二日。

「芳賀矢一博士の洋服代「国民性十論」原稿料から差し引く　ユニークな店／東京」，『読売新聞』，1908 年 6 月 11 日。

北岡正子：『魯迅救亡の夢のゆくえ —— 悪魔派詩人論から「狂人日記」まで』，関西大学出版部，2006 年。

中島長文編刊：『魯迅目睹書目 —— 日本書之部』，1986 年。

三、英文

內村鑑三：*Japan and The Japanese*，民友社，1894 年。

內村鑑三：*Representative Men of Japan*，覺醒社，1908 年。

新渡戶稻造：*Bushido: The Soul of Japan*，1900 年。

岡倉天心：*The Book of Tea*，1906 年。

譯後記

譯後記之一

本書根據富山房「明治四十四年（1911）九月十五日八版發行」本譯出。初版發行於明治四十年（1907）十二月十三日，明治四十一年（1908）八月十日發行「訂正三版」，此後到本書所據之第八版，內容沒有變更。在翻譯過程中，也同時參照了另外兩個版本，一是《明治文學全集》四十四卷（筑摩書房，昭和四十三年〔1968〕）所收久松潛一校訂本，一是《日本人論》（富山房百科文庫八，富山房昭和五十二年〔1977〕）所收生松敬三校本。

2007 年春，陳力衛教授（成城大學）自東京來函，告知說他們正為北京商務印書館做一套「日本學術文庫」，擬向我們約稿。記得我當時毫不猶豫就答應了，不僅馬上報上書名，還很快提交了本書的內容提要。按照最初計劃，有半年或者大半年，再不行就花一年的時間，怎麼也會交稿的，哪成想，就是這麼一本薄薄的小書，竟一直拖到現在，整整歷時五年。作為譯者，這是我們尤感慚愧的事。倘若換成我們自己來操辦，恐怕也早就會因譯者如此延遲而另尋高人。然而，不論是陳力衛先生還是商務印書館的編輯，在此期間卻幾乎沒有催促過，對這種巨大的寬容和理解，我們在此謹表示由衷的敬意和感謝。

在五年的時間裏，除了生活和工作方面的變數、我們自身能力的有限乃至懶惰等因素的干擾外，「磨蹭」這個譯本的最大技術性問題，是為解讀原文甚至是為已經「變成中國話」的譯文尋找

相關的參考資料。正文文本的翻譯，大約在一年之內基本完成，不過同時也發現，如果只憑一個正文的翻譯文本，是不大容易理解作者在說什麼的，甚至同時也因此引發了我們對自己譯文的懷疑，因為後者將呈現出我們的理解程度和表達程度。作者這句話是指什麼？舉的這個例子出自哪裏？諸如此類，一旦這樣較真兒自問起來，便不得不承認自己的「似是而非」。這倒不只是言語層面的問題，更多的是與言語背後的意思、內容相關的知識層面的問題。而作為譯者又怎麼能把連自己都沒弄清楚的意思「翻譯」給讀者呢？這也許是我們不願意輕易提交這個譯本的最大理由。

畢竟是一百多年前寫的書，引用的又都是日本的古典文獻，不僅「跨語際」障礙重重，就是放在日本本國亦無法實現自然「穿越」。我們曾就幾個具體問題請教過專攻日本文學的日本學者，得到的回答和指點幾乎都是「不清楚」，「得去查原文」。於是伴隨着這個譯本所經歷的是日本文學史及其主要作品的閱讀，也再次重複了周作人當年為「學日本語」尋找「教科書」而與芳賀矢一相遇時的那種閱讀體驗：「可是有了教本，這參考書卻是不得了」。(《知堂回想錄・八七　學日本語續》)

這裏僅舉一個例子，第四章「愛草木，喜自然」裏關於「黑川翁」及他對日本古典作品一句解釋的「譯註」：「即黑川真賴（Kurokawa Mayori，1829–1906），日本江戶時代至明治時代國學家、詩人。芳賀矢一此處所言見《黑川真賴全集》第四卷《歷史・風俗篇》（黑川真道編，東京國書刊行會，1910）。」雖然只有短短兩行，卻要先確認這個「黑川翁」是誰，然後又查遍六卷本

《黑川真賴全集》才得以完成。全書做譯註四百五十三個（不包括導讀的六十九個和附錄的九十三個譯註），就註釋規模而言，包括截止到目前的日本版在內尚屬首次，稱作「譯、註本」也是不妨的。

我們慶幸因原著的「難啃」而使自己獲得這種閱讀體驗，也慶幸在這一過程中與20世紀以來我國致力於介紹和研究日本文學的先學們相遇，他們所花功夫之大，取得成就之高，令人肅然起敬，其成果值得繼承和發揚。在此僅記譯註所涉主要參考書目如下：

錢稻孫譯《漢譯萬葉集選》（日本學術振興會刊，1959）；楊烈譯《萬葉集》上、下冊（長沙：湖南人民出版社，1984）；李芒譯《萬葉選譯》（北京：人民文學出版社，1998）；趙樂甡譯《萬葉集》（南京：譯林出版社，2009）；周作人譯《狂言十番》（北京：北新書局，1926）；《日本狂言選》（署名周啟明，北京：人民文學出版社，1955）；《古事記》（署名周啟明，北京：人民文學出版社，1963）；《平家物語》（周啟明、申非譯，北京：人民文學出版社，1984）；《枕草子》（北京：中國對外翻譯出版公司，2001）；豐子愷譯《源氏物語》二卷（北京：人民文學出版社，1982）。

此外，台灣林文月教授亦為日本文學之翻譯大家，譯本有《源氏物語》（1978）、《枕草子》（1989）、《和泉式部日記》（1993）、《伊勢物語》（1997）等，可惜因手邊無書，竟不得以參照。譯註中盡可能提示現今比較容易查閱的版本。

這是一次合作翻譯，李冬木撰寫導讀，負責翻譯一、二、

三、七、八、九、十各章以及「序言」和「結語」，房雪霏承擔四、五、六章，譯文和譯註各自獨立完成，最後由李冬木審校，房雪霏完成電腦文本輸入。這是兩個人的首次合作，對彼此來說既是一次各自學習的過程，也是相互之間不斷切磋和調整的過程，而學習和討論的界限又並不囿於各自承擔的章節，因此這個譯本可謂整體「磨合」的總匯，文責當然共負。我們期待這個譯本能夠對讀者了解「近代」日本有所幫助，也更期待獲得讀者批評與建議的反饋。

這裏還要提到給予我們幫助的師長、同事和朋友們的貢獻。在原文解讀過程中多蒙日本佛教大學吉田富夫名譽教授、辻田正雄教授、中原健二教授賜教；奈良女子大學退休教授橫山弘先生不僅給予解讀方面的教示，還把自己珍藏的許多資料提供給我們參閱；生活·讀書·新知三聯書店有限公司的葉彤先生也提出了許多寶貴的建議，附於文後的《與本書相關的日本史簡表》就是根據他的提議製作的。北京大學中文系博士生李亞娟同學的讀後感和建議也促成了我們對若干譯註的增加和修改。還有很多很多，恕不一一述及，謹以感激之念，在此鳴謝。

李冬木　房雪霏
2012 年 3 月 27 日於大阪千里

譯後記之二

從寫完上一篇譯後記到現在，又過去了五年半的時間。但這篇《譯後記之二》卻不是為本書的再版而作，而是為本書的初版而作。也就是說，在 2012 年 3 月提交的譯稿一直沒能出版，儘管譯者、編輯、出版社都已經盡力。箇中原因非三言兩語能夠說清，但這本一百多年前的書並未因時間久遠而處於中日兩國的現實關係之外，仍然受到大環境的制約。前後兩篇譯後記，雖然時間跨度很大，卻記錄了我們的工作過程。正如導讀所言，翻譯本書的初衷，只是想從周氏兄弟這一角度，提供一種與中國近代的思想和文學相關的參考材料，因此在翻譯的過程中，保持了原作的內容原貌，甚至書中所使用的「支那」一詞也不按一般慣例改成「中國」（詳見導讀）。相信讀者對此能夠理解並作出正確的判讀。同時，也接受了編者的建議，把李冬木的《明治時代「食人」言說與魯迅的〈狂人日記〉》一文附於書後，以作為延伸參考。

在此謹向三聯書店（香港）有限公司的侯明女士、顧瑜女士致以衷心的感謝！沒有她們慷慨無私的幫助，這個小小的譯本是不可能跟讀者見面的。

李冬木　房雪霏
2017 年 10 月 20 日於京都紫野

272

索引

一、人名索引

275

二、事項索引

三、文獻索引

1. 中文